PARIS SWEETS
パリのスイーツ手帖

大森由紀子 Yukiko Omori

世界文化社

PROLOGUE
はじめに

ある日、パリの、とある製菓学校を訪れた時のこと。シェフ・パティシエが私に、カステラのレシピを知っているかと尋ねてきました。一度食べてみたが、美味しかったので自分で作ってみたいと言うではありませんか。数十年前、私がパリにいた頃は、カステラの存在すらフランス人は知らなかったと思います。今は、インターネットや海外旅行などを通して、パリのお菓子業界の間にも海外からのさまざまな情報が入り、パティシエたちは柔軟にそれらを受け入れ、自分のものにしようとしています。と、同時にアイデンティティーを表現するお菓子作りにも余念がありません。

今、パリでは新しいタイプのお菓子が次々に生まれています。それは、たとえば、もともとのカタチを崩して別の形状に作り直したり、お菓子そのものの形状は変えず、構成要素の一部や素材を別のものに置き換え、味を変化させたお菓子に仕上げたりするものです。要するに、お菓子の本質や伝統はリスペクトしつつも、そこにそれぞれのパティシエとしての表現をどう取り込むかに心を砕きます。そしてその個性豊かな新しいお菓子は、お菓子好きを文字通り熱狂させています。

そのような状況を作り出した背景には“もっと自分たちのことを世の中に知ってもらいたい”という、パティシエたちの必死の努力があったのです。彼らはその想いを、テレビや雑誌、SNSを通して呼びかけました。

その結果、今パリは、空前のスイーツブーム。

老いも若きも、お気に入りのパティスリーやパティシエを探しては、遠くまでお菓子を買いに行きます。

しかし、ここで興味深いのは、新作作りに余念がないとはいえ、それでもパティシエたちは「伝統を踏襲している」ということです。フランスの定番菓子といえば、エクレア、サントノレ、ババ・オ・ラム、マドレーヌなど数え上げたらきりがありませんが、それらフランス菓子の伝統（それは100年以上続くもの、もっとさかのぼれば16世紀、アンリ２世にイタリアからお輿入れした、カトリーヌ・ド・メディシスが砂糖菓子をフランスに伝えたところから、フランス菓子の歴史は始まったと言っても過言ではないでしょう）の流れを変えることは、やはり滅多なことではできないということに気付かされます。

砂糖がフランスに伝わってから200年ほどは、希少で高価な砂糖は宮廷や貴族の館でしか使用されていませんでした。そして、菓子職人が数々のお菓子を創作していったのです。しかし、1789年のフランス革命により、王侯貴族のおかかえ職人は職を失い、町に出てお菓子屋を始めます。宮廷で作られていたババ・オ・ラムやマドレーヌを市民も口にできるようになったのです。

ルネサンスに憧れたフランソワ１世が、イタリアからの文化を取り入れ、それを上手にフランスのものにしてしまったのと同様、伝統の中に、他から取り入れたエッセンスとパティシエ独自の手法で、新たな世界を表現しようとしている現代のフランス菓子は、これからどこへ行くのか？　当分、目が離せそうにありません！

大森由紀子 Yukiko Omori

目次 Sommaire

私のパリ・スイーツ探し――その1
パティスリーとショコラティエ

伝統のお菓子と旬のパティシエたちの逸品を探す歓び

一口にお菓子屋さんといっても、フランスではカテゴリーによってお店が分かれています。

パティスリーは、かつてPâte（パート。生地）を扱うお店だったことからPâtisserie（パティスリー）と呼ばれるようになったとか。

ショコラティエは、ショコラを売るお店です。ショコラトリーと呼ばれる場合もあります。ショコラトリーは、規模の大きいチョコレート屋さんのイメージがあります。そんなパティスリーやショコラティエを、今回訪ねて感じたのは、「ルノートル（LENÔTRE）」や「アンジェリーナ（ANGELINA）」、「ラデュレ（LADURÉE）」などの老舗がさらにパワーアップしていること。そのような老舗や、今話題のお店には、実力派パティシエがそろっていますが、彼らの多くが「フォション（FAUCHON）」出身というのは興味深いところです。フォションは、私がいた1980年代後半、当時のシェフ・パティシエであったピエール・エルメの元には、フレデリック・カッセル、セバスチャン・ゴダール、アルノー・ラエルなど、今のフランス菓子を築き上げてきたパティシエがいました。そんな彼らの弟子たちがさらに多くのクリエイティヴな若手パティシエたちを育てています。そのような上下の系列、そして横の繋がりが強いフランスのパティシエたちは、お互いを尊重しあいながらも、切磋琢磨しあっています。しかし、その中で私たちの心を惹きつけるパティスリーというのは、通りがかった時、入ってみたい！　と思わせる、そして実際のお菓子と対面すると、お菓子が語りかけてくる、そんなパティスリーです。

パティスリーもさることながら、パリでは今、ショコラティエも花盛り！　ショコラの原料、カカオには計り知れない魅力と可能性が隠されています。そこに着目したショコラティエたちが、他とは異なる、自分だけのショコラの世界を築き上げている状況は注目すべきポイントでしょう。「ル・ショコラ・アラン・デュカス（LE CHOCOLAT ALAIN DUCASSE）」のように大規模なビーン・トゥー・バーのアトリエを設置したところや、手作り感、フレッシュ感あふれるショコラティエまで、ショコラも厳選してご紹介します。

紹介ページ▶ P18～61

私のパリ・スイーツ探し——その2
サロン・ド・テ、カフェ、ホテル

老舗や名門ホテル、歴史的空間で味わう時間の贅沢

パリのお菓子はお菓子屋さん以外でも、レストラン、ブラッスリー、ホテルのティーサロン、カフェなど、さまざまな場所でいただくことができますね。この中で皆さんがよく利用するのは、カフェだと思います。パリには至るところに、カフェがあり、そこに座っているだけでパリの空気を感じることができます。さらに場所がサンジェルマン界隈やオペラ座前などわかりやすいところにあるカフェは、待ち合わせなどにも便利。そんなカフェでは、10年経っても変わらない自家製の伝統的デザートを提供しますが、最近は、「カフェ・レ・ドゥ・マゴ（CAFÉ LES DEUX MAGOTS）」のように、客層に合わせ、信頼のおけるパティスリーなどからお菓子を取り寄せて提供するところも出てきました。

また、老舗が大手企業の傘下に入り、さらに広く展開していくという傾向も多く見受けられます。その一つ、「ブラッスリー・リップ（BRASSERIE LIPP）」は、モンブランで有名な「アンジェリーナ（ANGELINA）」と同じグループの経営ということで、アンジェリーナのモンブランがいただけます。

DE THÉ

そして、パリで最先端のお菓子文化を体験したかったら、“パラス（宮殿）”と呼ばれる格付け最上級のホテルのデザートを召し上がってみてください。ここ数年、パリではパラスホテル同士がしのぎを削る“ホテル戦争”が続いています。お料理のシェフはもちろんのこと、それぞれ若手の腕のいいパティシエを招聘し、パティシエの知名度やそのお菓子でも勝負しているのです。本書では取り上げていませんが、「シャングリ・ラ ホテル パリ（SHANGRI-LA HOTEL, PARIS）」のティーサロンのお菓子は、ヴィーガン（＊）を売りにしています。高級ホテルのティーサロンというと、敷居が高い気がしますが、入り口のボーイさんに、「ちょっとお茶をしに来た」と告げれば丁寧に案内してくれます。イギリス風のアフタヌーン・ティーを希望される場合は、供される時間が決まっているので、前もって調べておいたほうがいいでしょう。その他ワゴンに並べられているお菓子は、単品で注文できます。ぜひ、その場でしかできないお菓子体験にトライしてみてください。

紹介ページ▶P62～83

＊ヴィーガン
動物性たんぱく質、乳製品、卵、はちみつを摂らない食生活や料理を指す。絶対菜食主義とも訳される。

HÔTEL

私のパリ・スイーツ探し――その3
フランス地方菓子とコンフィズリー

物語のある地方菓子など、パリはスイーツの宝庫

先日、東京であるフランス人女性とお菓子の話をしていたのですが、なんと彼女は、クイニー・アマンを知りませんでした。日本ではお馴染みのブルターニュ地方のお菓子ですが、こんなふうに、フランスでは地方出身者は、生まれ育った土地のお菓子しか知らない場合が多いのです。パリっ子ももちろんそう。しかし、パリは地方出身者が多く、そんな人たちのために少しずつ地方菓子を、エピスリー（*）やマルシェで見かけるようになりました。また、それらを置くお店は、その土地の出身者が経営していることが多いですから、お菓子についての質問をすれば、喜んでその背景を語ってくれるはずです。

また、フランス人は、昔から作られていたボンボン（飴）やパスティーユ（粒つぶの飴）のようなノスタルジックなお菓子も大好きです。それらはコンフィズリーと呼ばれるカテゴリーに属するのですが、コンフィズリーとは、ボンボンやヌガー、マジパン、ドラジェ、パート・ド・フリュイなど、砂糖をベースに作られる保存できるお菓子です。そんなコン

フィズリーの多くは、100年以上続く老舗のものも多く、パッケージにもこだわりが。アンティークのパッケージは、のみの市などで高値で売買されます。

そして特筆すべきは、コンフィズリーにも地方色があり、コンフィズリーだけでフランス地図が描けるくらいたくさんの種類が存在し、それぞれに考案者の思いやストーリーが込められているということです。

しかし、そんなコンフィズリーにも、時代の流れを感じます。その商品を初めて手に取るパリっ子や旅行者にも、気軽に購入してもらえるように、軽い紙のパッケージ入りを追加したり、風味の種類を増やしたりといった工夫が見受けられます。パッケージや、ボンボンの形や色を見ているだけでワクワクする、そんなコンフィズリーの世界をぜひ覗いてみてください。また、パリで購入できるフランスの地方菓子やコンフィズリーは、日持ちがするものが多いので、お土産にもおすすめです。

紹介ページ▶P84～129

＊エピスリー
もともとはエピス（胡椒などのスパイス）を扱うお店を指した言葉。今はお惣菜や食料品を商うお店の総称となっている。

PRODUI

私のパリ・スイーツ探し——その4
製菓材料と道具

お菓子作り好きが通う専門店やマルシェ巡り

パリは、お菓子を作る人にとっては、やはり魅力的な街。日本にはないお菓子作りの道具や材料が見つかるからです。

私もパリに行くたびに、なにかしら新しい道具、そして常備しておきたい製菓材料を買い求めます。製菓材料でしたらオー・ド・フルー・ドランジェ（Eau de fleur d'oranger）、オレンジの花の水です。私が作るフランスの地方菓子には欠かせないからです。オレンジの花の水は日本にも輸入されていますが、私はこの本でご紹介する青い瓶のその香りが好きです。それと、フリュイ・コンフィ（Fruits confits）と呼ばれるフルーツの砂糖漬けも買い物リストに必ず入っています。特に、フルーツそのままの形のものは見ているだけでほれぼれします。そのままお菓子にデコレーションするのも素敵ですし、カットして生地に混ぜても美味しいです。

LA PÂT

T POUR

製菓道具屋さんは、レ・アールにある「ウ・ドゥイールラン（E.DEHILLERIN）」と「モラ（MORA）」というお店がおすすめ。陳列されている道具や型などで、今のパリのお菓子作りの傾向もわかります。最近は、モラの斜め向かいに「デコ・ルリーフ（DÉCO RELIEF）」というフレキシパン（*）を扱うお店を発見。ここでは、アントルメ（*）の面白い型を色々見つけることができますし、ショコラの型や、刷り込み型、口金、そして色粉の種類も実に豊富です。

しかし、そうした専門店ではなく、朝市などマルシェに出店している金物屋やアンティークのお店でも、他にはない型や道具を見つけることができます。私の教室で大人気のタルト型はこうした朝市で購入したものです。ブリキ素材の軽くて安いものですが、形もかわいくて丈夫。もう30年近く使っています。道具も一期一会ということですね。

紹介ページ▶P130～137

*フレキシパン
製菓用の型で、シリコンにグラスファイバーが入った素材でできており、軽くて扱いやすい。250℃～−40℃まで対応できる、焼き型にも冷凍用にもフレキシブルに使えることからこの名がある。

*アントルメ
料理の最後に出されるお菓子の意味。パティスリーでは大型の洋生菓子、ホールケーキの総称。対して小さな一人分サイズに作ったお菓子は、アンディビジュアルとも呼ばれる。

ISSERIE

Mont-Blanc

アンジェリーナのモンブラン

今、パリのお菓子は、本当にヴァラエティーに富んでいて刺激的です。老舗格の「アンジェリーナ」の「モンブラン」や「ダロワイヨ」の「オペラ」はずっと変わらないと思っていたのですが、そんなことはありません。しかし、アンジェリーナの豪華なベル・エポック調の内装、そして、大きな鏡は変わっていません。

アンジェリーナの創業は、1903年。創業者は、オーストリア出身のアントワーヌ・ランペルマイエ氏です。モンブランは当初から作られていたようで、なぜ栗かというと、オーストリアでは当時、栗のお菓子がポピュラーで、しかも周囲は山に囲まれているので、ヨーロッパ最高峰、モンブランをイメージして作られたというのが定説になっているそうです。

シェフは、「フォション」出身のクリストフ・アペールさん。フォションは私の修業先で、時期はすれ違いだったようですが、共通の知り合いのシェフの話題で一時盛り上がりました。そんな中、私が2000年に出版したパリの菓子店ガイドのアンジェリーナのページの写真を見せたら、今の様子とはすっかり異なっていて、びっくりしていました。表面の栗のクリームのボリューム感、絞り方の違い、そしてお菓子の容器もシンプルでした。現在のモンブランは、クリームもボリュームがあり、容器はロゴ入りのカセット（紙皿）で、より洗練された雰囲気です。当然、お菓子の仕込み方や味も変わるわけですが、クリストフシェフはまず、クレーム・シャンティーの砂糖の量を5％少なくしました。そして栗のクリームは、栗のペーストなどをプロ用に作るアルデッシュ地方の「アンベール（Imbert）」というメーカーに頼んで、アンジェリーナのモンブラン専用に、栗の煮詰め方を調整してもらったそうです。アンジェリーナでは、季節によってもう1種類、オリジナルのモンブランがいただけます。

1日400個売れるというモンブラン。取材の合間にモンブランお目当てに通い続けているというパリジェンヌとも話がはずみ、グルメ情報もゲット。パリでの素敵な滞在は、いつも、アンジェリーナのモンブランから始まります。

ANGELINA
アンジェリーナ
住所● 226 Rue de Rivoli 75001 Paris（本店）
108 Rue du Bac 75007 Paris（写真右）
http://www.angelina-paris.fr/

Opéra
ダロワイヨのオペラ

「ダロワイヨ」の歴史をたどると、ルイ14世の時代にまでさかのぼります。初代、シャルル・ダロワイヨは、シャンティー城の城主であったコンデ公のブーランジェ（パン職人）でした。彼は、ある日、ルイ14世にその腕を見込まれ、王のためのパンを作るようになりました。ルイ15世の時代になると、シャルルの息子たちが活躍。彼らは、ルイ15世妃マリー・レクチンスカのお菓子や料理を作るようになります。その後、マリー・アントワネットにも仕え、ダロワイヨ家は王家の台所を司るようになりました。しかし、革命後は居場所がなくなり、1802年、ジャン・バティスト・ダロワイヨがパリの街に店を構えます。1820年にはサロン・ド・テを併設、そして1898年にはパリで初めてアイスクリーム屋を始め、パティスリー組合も創設されましたが、第二次世界大戦後は代々料理人やパティシエの職人の家に育ったシリアック・ガヴィヨンに経営を譲ります。ガヴィヨン氏は、その後ダロワイヨをパリのトップ・パティスリーとすべく、お菓子や店を近代化。当時の映画人や著名人が通う店となり、『ELLE』などの雑誌に初めて広告を載せたことでも話題になりました。そして、そんな中でダロワイヨを代表するお菓子「オペラ」が誕生したのです。

しかし、実はこのお菓子はまったくのオリジナルではなく、最初そのヒントとなるお菓子が親戚のパティスリーで作られていたそうな。それをガヴィヨン氏が“オペラ”と名付け、オペラ座の屋根にそびえたつ金のアポロン像を表す金箔などをあしらって、絢爛豪華なオペラ座のイメージを表現したと言われています。

モナ・リザのほほ笑みのように優しい食感を、と発案されたジョコンド生地と、モカ風味のバタークリーム、チョコレートのガナッシュが2層ずつ、そして表面のグラサージュを合わせると7層にもなるのですが、その高さは2.5cm。果てしなく薄いダロワイヨのオペラは芸術的。一口、口に入れただけで、生地とクリーム、ガナッシュが一体になって、ジョコンド生地に浸みわたったコーヒー風味シロップとともに、フランス菓子の歴史を背負ったインパクトのある風味が広がります。

DALLOYAU
ダロワイヨ
住所● 101 Faubourg Saint-Honoré 75008 Paris
http://www.dalloyau.fr/

Flan

ラ・パティスリー・シリル・リニャックのフラン

まだ、フランスのお菓子というものを知らなかった頃、『マリー・クレール』という雑誌で「フラン」なるお菓子が紹介されていました。それは周囲に凹凸のあるアルミの型に、黄色い液体を流して焼くだけの、初めて見るフランスのお菓子。当時はそれだけで、フランスの香りがしたものです。彼の地へ行ったらぜひそれを食べてみたいと思っていたのですが、聞くと見るでは大違い。実際に食べたパリのフランはフィユタージュ、あるいはパート・ブリゼで作ったタルト型の中に、卵、牛乳、砂糖などを混ぜたアパレイユ(液状のたね)を流して焼いたものだったのです。しかし、これは、フランの進化系。タルト生地を敷いて持ち運びもできるように、お菓子屋さんが開発したものではないでしょうか。

フランスの地方にも、フランに似た卵液を焼いて作るお菓子が多々見られます。ブルターニュ地方の「ファー・ブルトン」、リムーザン地方の「クラフティー」などです。もともとは、家にいつもある材料で手軽に作れる家庭菓子。ファー・ブルトンもクラフティーも現地に行けば、型や容器に直接液体を流して焼いたものが主流です。フランは、平たい円盤状の金属を表す古語、フラド(Flado)に由来している名前だそうです。だから、このお菓子の形状は、丸く平たい。フランスでは古くからポピュラーなお菓子でした。現在でも、フランはパティスリーだけでなく、ブーランジェでも作られているフランスの"国民的お菓子"です。

ということで、パリでも美味しいフランはたくさんありますが、テレビのグルメ番組にもよく出演している料理人、シリル・リニャックさんのパティスリーのこのフランは、他と比べ、その舌触りの滑らかさが印象的です。作っているのは、元「フォション」でもシェフを任されていたブノワ・クヴランさん。より柔らかく滑らかな食感を目指すため、アパレイユは一晩寝かせ、混ぜる時はスティックミキサーでムラなく混ぜてから型に流すといいます。サクサクのフィユタージュとヴァニラの香る軽やかなアパレイユのコントラストが絶妙。普段何気なく食べていたフランというお菓子の構造を、再認識させられる一品です。

LA PÂTISSERIE CYRIL LIGNAC
ラ・パティスリー・シリル・リニャック
住所● 24 Rue Paul Bert 75011 Paris
https://www.gourmand-croquant.com/fr/

Feuille d’automne
ルノートルのフィーユ・ドートンヌ

ムッシュー・ルノートル。フランス菓子界にとって偉大過ぎるパティシエ。現在のフランス菓子は、ルノートルさんがいなかったら別のものになっていたかもしれません。そんなムッシューに亡くなる数年前、お話を伺う機会がありました。すでに仕事からは退いていましたが、延々と2時間、菓子職人としての生涯を語ってくださいました。中でも印象に残った話は、人生で2回脱走したこと。1度目は、見習いの頃、お腹が空き過ぎて、パトロンの魚まで食べてしまい、怒鳴られる前に逃げたという話。2度目は、占領してきたドイツ兵のためにお菓子を作っていたら、お前は腕がいいからドイツに連れていく、と言われた時。もう必死に逃げられるところまで逃げたという話です。菓子職人も命がけの時代です。それともう一つ、菓子職人としての転機になった思い出を伺いました。それは、週末には、当時ルノートルさんのお店のあったノルマンディーからカメラを持ってパリに行き、お菓子を食べ歩いて撮影したという話です。とにかく、パリのお菓子は、重くて美味しくなかったとのこと。当時は、保存のためアルコールを過度に使ったバタークリームのお菓子が多かったのです。

これはどうにかしなければとルノートルさんは、メレンゲやフレッシュなクリームを使い、軽いお菓子を作り始めたのです。彼の功績はそれだけではありません。卵を個数で表記するのではなく、その他の材料とともにグラムで正確に表し、レシピを他のパティシエと共有して、お菓子を量産できるようにしたのです。

その代表作の一つが「フィーユ・ドートンヌ」です。シュクセ生地とメレンゲ、チョコレート・ムースが層になったお菓子ですが、それら三つのパーツにそれぞれ卵白を立てたものを使用しています。しかし、チョコレートに関しては、時代とともに新たな味も開拓され、今では3種類のオリジンカカオのショコラを使用し、伝統を繋いでいます。

三つのパーツが軽やかに口の中で融合する、この「秋の落ち葉」と訳されるお菓子の名前や構成は、多くのパティシエが追随していますが、真似されることこそ、ルノートルさんの願いであり、使命だったのです。

LENÔTRE
ルノートル
住所● 10 Rue Saint-Antoine 75004 Paris
http://www.lenotre.com/

Ispahan
ピエール・エルメ・パリのイスパハン

まさか、あの時バラの上に水滴を垂らしていたあのお菓子が、今やエルメさんを代表する作品になるとは、思ってもみませんでした。

1980年代後半、「フォション」で研修していた時に、ローズ風味のシロップを塗ったスポンジ生地にローズとフランボワーズ風味のババロワを挟んだ「パラディ」というお菓子があったのですが、その上にバラの花びらが一枚。それは毎朝届く食用のバラで、当時シェフだったエルメさんが、一枚一枚、そのお菓子のために吟味して選んでいました。その花びらの上に、小さなコルネを使ってグルコーズを水滴に見立てて垂らす仕事を任されていました。

“どの位置に？”“大きさは？”

最初の一滴を垂らす時は、緊張しました。このパラディが「イスパハン」の前身です。

10年間作ってきたパラディの風味に、新たにライチが加わり、さらに生地をマカロンに変えて、ローズクリームを挟み、1997年、イスパハンが完成しました。“ライチにはバラの風味があるので直感的に合うと思った”とエルメさん。そして、マカロンのカリッとした歯ごたえと柔らかい食感を加え、味わいのヴァリエーションをもたらしたのです。その後イスパハンの風味は、パート・ド・フリュイ、クロワッサン、ケーク、アイスクリームサンドと他のお菓子に派生していきました。ちなみに、イスパハンは、イランのエスファハーンと呼ばれる都市名です。

エルメさんが貫いてきた姿勢は、「伝統と革新」です。チョコレート・ケーキにミルクチョコレートを使用し、その美味しさを再認識させたり、ただ二つのコックを組み合わせていただけのマカロンの甘さを調整し、クリームも見直すなど、もともとあった伝統的なお菓子をリスペクトしつつも、新たな解釈を加えて、少しずつ時代に合わせた風味を構築してきた功績は大きいと思います。

しかし、イスパハンは、そういったお菓子とは異なり、彼自身が考案したお菓子です。すでにパリでも地方でも同じようなお菓子が作られています。そして、これからも作り続けられるでしょう。100年後、イスパハンは、間違いなく「伝統菓子」の一つになっているはずです。

PIERRE HERMÉ PARIS

ピエール・エルメ・パリ

住所● Beaupassage

53-57 Rue de Grenelle 75007 Paris

https://www.pierreherme.com/

Religieuse
クリストフ・ミシャラクのルリジューズ

今、フランスは空前のパティスリー・ブーム。テレビがお菓子のコンクールを企画し、雑誌はスター・シェフたちのレシピを掲載し、パティシエたちも毎日のようにインスタグラムに自分の作品をアップ。それらを見た人たちが、お店に並び、シェフにサインを求めにやってきます。それまで脚光を浴びていたのは、どちらかというと料理人。パティシエは、それほど知られていなかったのです。が、そんな状況を打破し、メディアを通して、パティスリーの世界を世の中にアピールした一人が、クリストフ・ミシャラクさんであることは間違いありません。

世の中の注目を浴びるようになったパティシエたちは、今まで作ってきたお菓子に、自分の考えを表現するようになりました。しかし、それは伝統に顔をそむけるということではなく、時代の変遷とともに、材料も変われば、作る環境も異なり、食べ手も変わる、ということを考えてのことです。ミシャラクさんのシグニチャー・メニューとなった、このキャラメルの「ルリジューズ」もその一つです。

ルリジューズと言えば、大小二つのシュー、それぞれにフォンダンをかけて重ね、合わさった部分にクリームを絞るという伝統菓子です。ルリジューズとは修道女のこと。全体を修道女に見立て、クリームは修道女の服の襟のように絞ります。しかし、ミシャラクさんは甘いフォンダンの部分をキャラメルのパート・ダマンドにすることで甘さを抑え、さらに襞を寄せることで、修道女の襟元を表現。そして、シュー生地にはクラッククランというカリカリの生地を乗せて焼き、新しい食感を生み出しました。この生地を乗せて焼くとふくらみが増し、誰が作っても均一な形に焼きあがるという利点もあり、クラッククランの手法はその後、他のパティシエが追随するようになり、今では多くの店でこの種のシュー生地が作られています。そういえば、シュー好きの日本なのに、二段重ねのルリジューズを店頭で見かけることはほとんどありません。修道女のイメージが、あまり身近ではないからでしょうか。これからも日本とは異なる本場のフランス菓子に注目したいです。

CHRISTOPHE MICHALAK
クリストフ・ミシャラク
住所● 60 Rue du Faubourg Poissonnière 75010 Paris
https://www.christophemichalak.com/

Boule cake
フィリップ・コンティチーニのブール・ケーク

1990年代、パリの一ツ星レストランが話題になりました。「ラ・ターブル・ダンヴェール（La Table d'Anvers）」です。さっそく行ってみると、向かいのテーブルに座っていたのが、当時「フォション」のシェフだったピエール・エルメさんでした。「この料理も美味しいけど、デザートも驚きの美味しさだよ」とエルメさん。そのデザートを担当していたのが、フィリップ・コンティチーニさんです。

そのレストランは、実はフィリップさんのお兄さんが料理を作っていたのです。コンティチーニさんが掲げるお菓子作りのテーマは「エモーション（Emotion）」。つまり“感動を与えるお菓子作り”の原点になったのが、お兄さんの作った仔豚料理だといいます。それはかなりの厚みで、表面がキャラメリゼされてカリカリに焼けていたのに、中は見事なロゼ。そして、添えられていたジャガイモのピュレのふわっとした食感。この料理を食べた時の衝撃を忘れることができないそうです。その時から、フィリップさんの感動を与えるお菓子作りが始まります。お皿の上だと崩れてしまう軽いムースをワイングラスに入れて提供することを考え、それはさらに進化を遂げて、ヴェール（Verre＝フランス語でグラス）とテリーヌを合わせた「ヴェリーヌ」という造語までできました。

その後、クリームを軽くしたいという思いから、小さいシューをリング状にした「パリ・ブレスト」を考案。大きなリングの中では成形できないくらい柔らかいクリームを小さいシューに詰めることによってこの問題を解決したのです。

そして、現在はさらなる感動を与えるためのテーマに取り組んでいます。それはお菓子の「密度（Densité）」。食べ物は噛むほど、その中の要素が溶け出す。それが美味しいという感動を引き出し、さらに美味なるものを食べる喜びに繋がるという発想です。そんな研究テーマをクリアしたお菓子が、この「ブール・ケーク」です。風味はショコラ、オレンジ、シトロンの3種類。空気と湿気を調整して作られたこのお菓子は、一口噛むとその噛み応えの楽しさにまた一口噛んでみたくなる！　そんな焼き菓子です。

PHILIPPE CONTICINI
フィリップ・コンティチーニ
住所●37 Rue de Varenne 75007 Paris
https://philippeconticini.fr/

Happy
ジャン＝ポール・エヴァンのハッピー

このお菓子と出会ったのは、2018年7月、ちょうど、サントノレ通りのエヴァンさんの新しいお店がオープンした時です。奥のカウンターにこのケーキが鎮座していました。これまでの「ジャン＝ポール・エヴァン」では見たことのない大きさ。しかし、私の頭の中では、何かのお菓子とリンクしていました。そう、エヴァンさん自慢の「ロンシャン」というチョコレート・ケーキです。ロンシャンは本店オープン当初から作っていたお菓子。私の直感はピタリ的中でした。「このお菓子は、バースデーや記念日など、特別な日のために食べてもらうお菓子だよ。上にチョコレートで作った花びらを飾って、ドレスのようなイメージにしたんだ。ぼくの代表作の一つ、ロンシャンに新しい息吹を吹きかけて、うちの象徴的なお菓子に仕上げたんだ」とエヴァンさん。卵白とチョコレート・ムースが層になったロンシャンは、柔らかいチョコレート・ムースと軽やかなメレンゲがはかなく口の中で崩れて溶け合うロングセラー商品。私も迷った時は、いつ食べても安心な美味しさのこれを選んでしまいます。

これまでも、チーズのボンボン・ショコラや納豆タブレットなど、世の中を驚かせてくれた天才ショコラティエのエヴァンさんですが、今までの仕事の集大成でもあるこのお菓子に込めたのは、“お菓子とは本来、家族、知人、友人とで分かち合って食べるもの。お祝いの時は特に。そんな絆を取り戻そう、そして、皆をハッピーに！”という思いです。伝統を引き継ぎながらも、食べる人全てを幸せにしたいという新たなコンセプトで作られた渾身の作品「ハッピー（Happy）」。直径13cm、高さ13cmの10〜12人用です。リボンの部分も、チョコレートでできています。

パッケージもハッピー専用に作られました。ジャン＝ポール・エヴァンでは現在世界共通の五つの柄のパッケージや紙袋を使用。ギンガムチェック、水玉、千鳥格子など昔からある伝統の柄ですが、エヴァンさんの手にかかるとシックでモダンなスタイルに変換されるのです。彼は、時代が変わっても、別の形で伝統を受け継ぐことができることを示してくれる数少ないアルティザンの一人だと言えます。

JEAN-PAUL HÉVIN
ジャン＝ポール・エヴァン
住所● 23 bis Avenue de la Motte-Picquet 75007 Paris
https://www.jeanpaulhevin.com/fr/

Mousse au chocolat
シャポンのチョコレート・ムース

10歳年下のボーイフレンド、ジャン・フランソワの家に遊びに行くたびに、彼が作ってくれたのが、チョコレート・ムース。ママンから習ったというそれは、冷蔵庫にある材料で簡単に作れるおやつでした。卵黄に溶かしたチョコレートとバターを混ぜておき、砂糖を使って立てた卵白を混ぜるだけ。そんな昔ながらのチョコレート・ムースをまるでアイスクリーム・ショップのように販売しているのが、「シャポン」です。

シャポンのオーナー、パトリス・シャポンさんは、もともとバッキンガム宮殿でアイスクリームやシャーベットを作っていた職人。その後、ショコラティエとして1986年からチョコレートを製造しています。パリ郊外のアトリエには、カカオの焙煎、粉砕、摩砕を行う機械がそろっており、カカオ豆からチョコレートまでの製造を全て行っています。機械は前世紀のものを2年間かけて修復し、昔の製法でチョコレートを作っています。そんな彼が目指すショコラは、"少年時代の世界に戻れるチョコレート"。可愛らしい三人の少年たちが誇らしげにロゴを持つシャポンの箱からも、そんな思いが伝わります。

チョコレート・ムースには、もちろん自家製のチョコレートが使われています。種類は5種類。おすすめは、カカオ分100%のヴェネズエラ(VENEZUERA)。カカオ分100%というと、普通は苦いのですが、これは苦みをあまり感じさせずに、カカオそのものの味を出したもの。こちらにはアーモンドミルクが使用されているとのことで、その作用で苦みや酸味が抑えられ、よりまろやかな風味になります。

最近ショコラティエの間で人気のカカオ産地のペルー (PEROU)使用は軽いナッツやキャラメルの味、そしてアプリコットの風味も感じさせる、チョコレート・ムースです。

あまりカカオ感を望まない人向けには、エクアガー(EQUAGHA)を。エクアドルとガーナ産のカカオ分68%のショコラを使用したムース。穏やかな風味で、意外にもパリっ子にはこちらが人気です。ショコラにノスタルジーを求めるとしたら、カカオ分の強いものより、むしろミルクチョコレート系なのかもしれませんね。

CHAPON
シャポン
住所● 69 Rue du Bac 75007 Paris
https://www.chocolat-chapon.com/

Tablette éphémère aux fruits frais

ジャン＝シャルル・ロシューの
タブレット・エフェメール・オ・フリュイ・フレ

“美味しいショコラはフランス”というイメージがありますが、フランスで今のような高品質のショコラが作られるようになったのは、実は1970年代からなのです。「ラ・メゾン・デュ・ショコラ」の創始者、ロベール・ランクスさんがお店をオープンした時、ショコラ好きのパリっ子に衝撃が走りました。それまでショコラの技術は、スイスが先行していたのです。ランクスさんとともに、フランスのショコラ時代を築いた、ミッシェル・ショーダンさん、アンリ・ルルーさんなども、スイス人からショコラ作りを学び、それをさらに洗練させてフランスで製造、後継者にその技術を伝え、フランスはショコラ先進国となっていったのです。

そんなある日、レンヌ通りを歩いていると、コックコートを着た一人の職人が何かを配っていました。「ショコラティエをオープンしました。皆さんお立ち寄りください〜！」と叫んでいます。よく見たらミッシェル・ショーダンさんのアトリエで修業していたジャン=シャルル・ロシューさん。お店オープンのチラシを配っていたのです。オーナーシェフが自ら宣伝するその姿に心打たれました。お店に一歩入ると、ショコラの深い香りと、ショーダンさんから技術を受け継いだショコラ・アートが迎えてくれます。

そんなロシューさんのスペシャリテが、このフレッシュ・フルーツ入りのタブレットです。フルーツを直接ショコラに包み込む！？　そんなショコラ、これまで見たことがありません。週末にしか作らず、フルーツもフランボワーズ、ミラベル、カシス、すぐりと季節によって変わる希少なタブレット。これは、何をおいてもフルーツ選びがポイントだそうで、なるべく水分の少ないフルーツを選び、熟しすぎたものも避ける、フルーツに対する目利きが大切です。そのため彼は、朝早くランジスの市場まで車を飛ばしてフルーツを探しに行くのだそうです。このタブレットに合うショコラも色々試したそうですが、マダガスカル産カカオ分70%のものが比較的どのフルーツにも合うとのこと。ショコラとフレッシュなフルーツが一度に楽しめる贅沢。解放された週末のどんなシーンにも似合う逸品です。

JEAN-CHARLES ROCHOUX

ジャン＝シャルルル・ロシュー

住所● 16 Rue d’Assas 75006 Paris

https://www.jcrochoux.com/

Caramels aux fruits
ジャック・ジュナンのフルーツのキャラメル

2008年、パリの人気エリア、マレ地区に1軒のショコラティエがオープンしたと聞いて、さっそく訪ねました。お店に入ってまず驚いたのは、ショコラのお店としてはあまりにも贅沢な空間だということ。1階はお茶もできるサロン・ド・テですが、まるでホテルのロビーのようなゆったりとした空間。お菓子もいただけるのですが、その出来栄えの素晴らしさに感動しました。それらは、サントノレやエクレアなど伝統的なお菓子だったのですが、その洗練されたたたずまいから、自分の仕事と真剣に向き合ってきたシェフの作品だと感じたのです。

シェフは、ジャック・ジュナンさん。厨房に案内されて初めてお会いした時、それなりの経験を積まれた方、という印象でした。後でわかったことですが、彼は10代前半から料理人として働き、ミシュランの星が取れるほどの敏腕料理人だったとか。しかし、理由あってレストランを去り、「ラ・メゾン・デュ・ショコラ」での勤務を経て、ショコラとお菓子を作るようになりました。当初レストランやホテルへの卸しをしていたのですが、満を持して店をオープン。

案内していただいた厨房では、ちょうどパティシエがエクレアの生地を絞りだしているところでしたが、ジュナンさんは、いきなり、その生地を全て絞り袋に戻して、もっとまっすぐに直線に絞るようにと指示。彼の妥協しない仕事ぶりに、私も姿勢を正しました。ジュナンさんの作り出すショコラはもちろん、パート・ド・フリュイも今まで食べたことのない美味しさ。そして今回ご紹介したいのは、キャラメルです。数種類あるキャラメルの中でも、特にフルーツを使ったキャラメルは一度食べたら忘れられない味です。風味は3種類。パッション・フルーツ&マンゴー、フランボワーズ、そしてカシス風味。頬張った瞬間、フルーツの酸味が鮮烈に広がり、まるで脳を突き抜けたかのようでした。

ジュナンさんは言います。「私は自分が美味しいと思う味を追求するだけ。そして、どんなものを作るにしても、大切にしているのは素材のフレッシュ感です」。これらのキャラメルはシェフのそんな思いを結集した、唯一無二の傑作と言えます。

JACQUES GENIN
ジャック・ジュナン
住所● 133 Rue de Turennes 75003 Paris
http://www.jacquesgenin.fr/

C.B.S.
アンリ・ルルーのキャラメル・ブール・サレ

初めてこの店の創始者、アンリ・ルルーさんと、そのキャラメルに出会ったのは、20年前。「今度、ブルターニュへ行こうと思うんだけど」と、かつて厨房で研修をしていたレストラン「アルページュ（L'Arpège）」のシェフ、ブルターニュ出身のアラン・パッサールさんに何気なく話すと、「そうか、だったら港町キブロンのアンリ・ルルーに行ってごらん。パリにはない美味しいキャラメルに出会えるよ」と教えてくれたのです。

そこで、さっそく訪れてみたのですが、店は昼休みでクローズ中。でも、キャラメルの香りがどこからか漂ってくるではないですか。もしかしたら、ルルーさんは厨房でキャラメルを作っているのかもしれないと、裏にまわって塀をよじのぼり、少しだけ開いていた窓に向かって大声で叫んでみました。「ムッシュー・ルルー！　日本から来ました！」。すると、「おお、日本から？　ちょっと待っていなさい、今出ていくから！」という声が返ってきたのです。数分後、なんとルルーさんが両手いっぱいにキャラメルを持って裏口から現れました。「よく来てくれたね。お店のことは家内に任せっきりだから、開けることはできないけど、これを食べてみて」と、そのキャラメルを勧めてくれたのです。それは、フレッシュなバターの風味の中に、ほのかな塩味を感じながら、ゆっくり口の中で溶けていく極上の味でした。ルルーさんは、「これは、お母さんの味が原点。ブルターニュ産の加塩バターを使ったキャラメルだよ」と嬉しそうに語ってくれました。

その数年後、ルルーさんは引退してしまいましたが、今は、シェフのジュリアン・グジアンさんがその味を守り続けています。その塩バターキャラメルは、C.B.S.（キャラメル・ブール・サレ）と名付けられ、アンリ・ルルーの代表作となっていますが、その他にも味のヴァリエーションは増え、進化を続けています。もう一つメゾンが守り続けているものがあります。それは、ルルーさんが中古で購入したという、キャラメルを包装する機械です。それでなくては、アンリ・ルルーのキャラメルは上手く包めないそうで、キャラメルの紙をはがすたびに、そんなルルーさんのこだわりを思い出すのです。

HENRI LE ROUX
アンリ・ルルー
住所● 1 Rue de Bourbon le Château 75006 Paris
https://www.henri-leroux.com/

Double bouchée

ル・ショコラ・アラン・デュカスのドゥーブル・ブッシェ

『フランスお菓子紀行』という本を書くためにフランスを旅した時に、モナコに最年少で三ツ星を獲得したシェフがいるというので、その豪華絢爛なレストラン「ルイ・キャーンズ（Le Louis XV）」というレストランにディナーに訪れました。その際、客席のテーブルに挨拶しに現れたシェフのアラン・デュカスさんに、フランスの地方のお菓子を探し歩いている旨を話したところ、「ぼくもお菓子はルノートルで修業したよ」と意外なことを口にしたのでした。その後、デュカスさんは、パリ、ロンドンのレストランでも三ツ星を得、世界的に著名なシェフにのぼりつめました。

そんなデュカスさんがショコラティエをオープンしました。しかし、なぜ、デュカスさんがショコラ？と思う方も多いでしょう。彼はショコラへの情熱を30年も温めていたのだそうです。ルノートルの製菓経験が後押ししたこともあると思いますが、しかし、それ以上に彼の心を占めていたのは、子供時代の朝食。パンにバターを塗って、その上にショコラを薄くそいで散らして食べることが大好きだったそうです。そんな日々のショコラの楽しみを多くの人に伝えたい、という思いから創業したのがこのお店。14種類のカカオ豆を、その場で焙煎、粉砕、摩砕する機械を導入し、完璧な設備を施したビーン・トゥー・バーの工房です。

こちらのシェフを務めるカンタン・フランシス＝ゲヌーさん曰く「ここで作るショコラは、極力身体によい素材を使っています。追加するオイルもパーム油ではなくひまわり油。粉乳は、ノルマンディーの良質な牛乳からできるものだし、砂糖は精製された白い砂糖ではなくミネラル豊富な粗糖です」とのこと。

今回ご紹介するのは、マダガスカル産カカオで作るおしゃれなショコラ・バー。プラリネ・ショコラ、ピスタッチオのパート・ダマンドとガナッシュ、パッション・フルーツとココナッツのプラリネ、フィヤンティーヌ入りのプラリネ・ノワゼットの4種類です。一口食べたらやみつきになる味ばかり。そして、なによりカカオの香りが特出しています。これぞ熟練した職人が手掛けるビーン・トゥー・バーの真骨頂ではないでしょうか。

LE CHOCOLAT ALAIN DUCASSE
ル・ショコラ・アラン・デュカス
住所● 9 Rue du Marché-Saint-Honoré 75001 Paris
https://www.lechocolat-alainducasse.com/

Boîte lady

ドゥボーヴ・エ・ガレのボワット・レディー

サン・ジェルマン・デ・プレにある「ドゥボーヴ・エ・ガレ」は1800年創業。パリで最古と言われる、王家ゆかりのショコラティエです。

15世紀にコロンブスによって南米のアステカ王国（現在のメキシコあたり）で発見されたカカオは、その後、探検家フェルナン・コルテスによってスペイン宮廷に持ち込まれました。当時は体力を回復する飲み物として重宝され、高額な値段によって取引されていたと言われています。そして、17世紀、スペインハプスブルク家の王女アンヌ・ドートリッシュはルイ13世に嫁いだ際、チョコレート職人を連れてフランスにお輿入れしました。フランスでもショコラを飲めるのは、王侯貴族に限られ、取り扱いは薬剤師がしていたといいます。そしてルイ16世時代の薬剤師がドゥボーヴだったのです。彼は、苦く飲みにくい薬が苦手だったマリー・アントワネットのために、頭痛薬とカカオバターを混ぜたショコラを発案。「ピストル・ド・マリー・アントワネット」と名付けました。その後、ドゥボーヴは甥のガレとともに、ショコラティエをオープン。ナポレオンにも贔屓にされ、作家プルーストも熱烈なファンとしてこの店に通ったそうで、このプルーストへのオマージュとして、かつてはマドレーヌ型のショコラも作られたと伝えられています。

今回ご紹介するのは、2種類のボンボン・ショコラの詰め合わせ「ボワット・レディー」。王家の紋章で「フルール・ド・リス（Fleur-de-lys）」と呼ばれる3枚のユリの花びらのボンボン・ショコラは、キャラメルのガナッシュ入り。これは、1825年、シャルル10世によってランス大聖堂における儀式のために作られたショコラが原型と言われています。もう1種類は、こちらもユリの花を散らした店のロゴが施されたボンボン・ショコラ「パレ・オ・ノン」で、エクアドル産カカオのガナッシュ入りです。ヴェルサイユ宮殿の花園を彷彿させるパッケージを開けるたびに、ワクワクします。17〜18℃の温度帯で、ゆっくりと味わってみてください。歴代のショコラ好きを魅了した、穏やかなカカオの香りと天然の甘さが、宮廷のサロンに誘ってくれているかのように立ち上ります。

DEBAUVE ET GALLAIS
ドゥボーヴ・エ・ガレ
住所● 30 Rue des Saints-Pères 75007 Paris
https://debauve-et-gallais.fr/

Instinct
パトリック・ロジェのアンスタン

チョコレート界の革命は、パリ近郊のソーという静かな町にたたずむ小さなアトリエから始まりました。そこでショコラを作っていたのは、おとぎの国から来た王子様のようなショコラティエ。これが自信作だと手渡されたのは、今でもパトリック・ロジェを代表するライム風味のボンボン・ショコラでした。当時は衝撃的な味。それから彼は、ショコラティエのM.O.F.（フランス国家最優秀職人章）を取得。あっという間にパリにも何軒かお店を持つようになり、王子様は、巨大チョコレートの彫像を作製する、野性的なアーティストに変貌していたのです。

そんなパトリックさんを、自ら設計したという体育館ほどの大きさもあろうかというソーのアトリエに訪ねました。そこは徹底した温度管理、スペース配分がなされ、随所に遊び心がちりばめられた空間でもありました。しかし、中を案内して、おしゃべりで冗談を連発しながらも、アトリエ全体に目をこらして携帯からスタッフに指示を飛ばすことを忘れないシェフ。「ぼくは、地球上で最も働く人たちの中の一人に違いない」と自らをそう語ります。

彼は20年前から、カカオ農園を援助する運動を行い、環境問題にも取り組んでいます。大型猿が絶滅寸前の危機にあると聞けば、そのことを訴える手段として、チョコレートで大型猿の彫刻を作ります。そして、ある日、南仏のアーモンド畑に後継者がいなくなったことを聞きつけると、そのアーモンド畑を買い取り、栽培を続けることを決断。そこから生まれたのが、この「アンスタン（Instinct）」。自社畑のアーモンドで作ったプラリネを用いたボンボン・ショコラです。Instinctとは本能という意味。一度食べたら忘れられない余韻が刻まれるショコラ、本能に訴えるショコラでもあります。

最近は、ワインも製造しているパトリック。実は放置されたぶどう畑を再生して造ったワインだそうで、シラー種の深みのある味わい。これも、「本能」と名付けたいワインです。

パトリック・ロジェといえば、あの伸ばした髪が印象的でしたが、最近は髪をバッサリ切り、一見普通のおじさんに。でも、その目は、挑戦し続ける輝きを放っていました。

PATRICK ROGER
パトリック・ロジェ
住所● 3 Place de la Madeleine 75008 Paris
https://www.patrickroger.com/

Macaron
ラデュレのマカロン

パリに住んでいた頃は、「ラデュレ」といえば、マドレーヌ広場にある小さなサロン・ド・テのあるラデュレしかなかったので、そこで店の通りの名前を冠した「ロワイヤル」という生菓子をいただくのが楽しみでした。周りは着飾った常連のおばあさんや、買い物帰りのマダムたちなど、とにかくその空間は時間がゆったりと流れ、店員の動作もゆるくて、あれはあれで佳き時代でした。

この店は、1862年、ブーランジェだったルイ＝エルネスト・ラデュレが創業。時はまさにナポレオン3世がオスマン男爵に命じてパリ大改造を行っていた時代。ラデュレは、火事で焼失した店舗を建て直すと同時に、パティスリーに業種を変更。その際、この店の天井の絵をアールヌーヴォーの先駆者ジュール・シェレに依頼し、パティシエの帽子をかぶった天使を描かせています。さらに、壁の色を淡いグリーンにし、そこに金を施し、カーテンの房や家具の装飾にもこだわりました。豪華な内装の店に、美味しいお菓子を求めて殺到したのは、当時、自由を謳歌し始めた女性たちでした。

ラデュレに革新をもたらしたのは、それだけではありません。エルネストの従弟、ピエール・デフォンテーヌが、今まで、個別に売られていたマカロンを二つ合わせ、中にクリームを挟むことを提案。「マカロン・パリジャン」ができました。その後、ラデュレのマカロンは、定番のピスタッチオ、ローズ、ショコラをはじめ、次々と開発され、店の看板商品となりました。ギフトボックスに入るとさらにキュート。今回撮影したものは、ナポレオン・グリーン・ギフト・ボックスと言い、6個のマカロンが入ります。シトロン・ヴェール・ヴァニーユ、ショコラ・ノワゼット、シトロン、フルー・ドランジェなどを詰めてもらいましたが、私はフルー・ドランジェが優しい味で好き。ほのかにオレンジの花の香りがします。マカロン生地も以前よりだいぶ甘さ控えめで、クリームやジャムになじんで全体にしっとりと上品に仕上がっています。選択に迷ったら、ピスタッチオもぜひ！　なんといっても、その淡いグリーンは、創業者がラデュレの内装にこだわった色。ラデュレを代表する色ですから。

LADURÉE
ラデュレ
住所● 16-18 Rue Royale 75008 Paris
https://www.laduree.fr/

Tarte tropézienne
ティエリー・マルクス ラ・ブーランジュリーの タルト・トロペジエンヌ

人には、ある特定の食べ物に結び付く思い出というものが、あるのではないでしょうか。「トロペジエンヌ」を食べるたびに思い出すのは、南仏のサントロペで強風に襲われた時の光景です。私は、トロペジエンヌの発祥と言われていた店、「ミカ(Micka)」で、念願のそのお菓子を手に入れて、海辺の「セネキエ」というカフェでお茶を飲みながら、トロペジエンヌを頬張っていたのですが、突然、強い風が吹き付け、テーブルのカップやお菓子も全て床に叩き付けられてしまいました。カップは割れて、破片があちらこちらに。しかし、周囲のお客さんは、「いつものことよ」という顔をして気にも留めません。後で知ったのですが、この風こそが、ミストラルという南仏の乾燥した冷たい北風だったのです。

小さな港町だったサントロペですが、1920年代、パリの劇場経営者がこの土地出身の女性と結婚したことで、ジャン・コクトーやココ・シャネルなどの有名人が避暑に来るようになり、上流階級のリゾート地として有名になったと言われています。

そんな時代の波に乗って生まれたのが、トロペジエンヌです。1950年代、ポーランド人のアレキサンドル・ミカが、祖母から伝えられたこのお菓子を店に並べたら、映画の撮影にサントロペを訪れていたブリジット・バルドーに気に入られ、彼女が「タルト・トロペジエンヌ」と命名したという話が伝えられています。

ミカはもうありませんが、トロペジエンヌはその後、広く知られるようになり、パリでも見かけるようになりました。そんな中、美味しいトロペジエンヌを発見！　パリで話題の商業施設「ボーパッサージュ」の一角にあるティエリー・マルクスさんのパン屋さんのものです。シェフ・ブーランジェのジョエル・デフィヴさんに美味しさの秘密を尋ねました。「クリームだよ。クリームは生クリームとカスタードクリームを合わせたものだけど、生クリームの風味を際立たせるのがポイントかな。それと、生地には、オレンジの花の水を加えたシロップをアンビベする（染み込ませる）ことで、しっとりと南仏らしいお菓子になるんだよ」とのこと。シンプルだけど、それ故に作り手の力量が試される一品です。

THIERRY MARX LA BOULANGERIE
ティエリー・マルクス ラ・ブーランジュリー
住所● Beaupassage
53 Rue de Grenelle 75007 Paris
http://www.thierrymarxlaboulangerie.com/

Éclaire sans gluten

ヘルムート・ニューケークのグルテン・フリーのエクレア

数年前だったら、ビオやグルテン・フリーの食品を扱うお店は、ちょっとした物珍しさに惹かれたパリジェンヌや外国人観光客が立ち寄るお店にすぎなかったのですが、今や特にビオを謳うお店は、パリのあちこちで目にします。健康に気を遣う庶民に受け入れられ始めている証拠です。そんな中、2011年、10区のサン・マルタン界隈にオープンしたグルテン・フリーのお菓子屋さん、「ヘルムート・ニューケーク」が、街の中心部、マドレーヌ界隈に堂々移転。そして、あれよあれよという間に、パレ・ロワイヤルのそばにも2店舗目を開き、夕刻でもお客が絶えません。

フランスでは、小麦粉のグルテンを消化できないアレルギーの人が日本人より多いと聞きます。グルテンとは、小麦などの穀物に含まれるたんぱく質です。パンなどを作る際、弾力を形成する成分ですが、これが胃に入ると一般の人でも消化に時間がかかり、代謝に影響すると言われています。また、グルテンには砂糖より速く血糖値を上げると言う報告もあり、肥満、高血圧、糖尿病、心臓病に繋がり、記憶力や集中力にも影響を及ぼすと言われています。とはいえ、これは過度にグルテンを摂取した場合だそうです。

この店は、もともと「ルノートル」で働いていたマリー・タリアフェロさんが、自身が小麦粉アレルギーと判り、自分と同じように小麦粉のお菓子が食べられない人のために、オープンしました。店頭に並んでいるお菓子は、言われなければ普通のパティスリーとなんら様子は変わりません。しかも、現地では値の張る米粉を使用しているにもかかわらず、値段も良心的。米粉を使って作るクッキーやタルト生地は、小麦粉のそれに比べ、よりサクサク感が増し、その美味しさに驚くでしょう。エクレアなどのシュー生地を使ったお菓子もおすすめです。

今、フランス菓子は、環境や時代によって変化する柔軟な対応を求められています。この店が単に小麦粉アレルギーの人だけでなく、一般のお菓子好きにも支持されている理由は、小手先だけでなく、そんなお菓子作りの潮流にアピールしていく実力と可能性が見出されているからだと思うのです。

HELMUT NEWCAKE
ヘルムート・ニューケーク
住所● 28 Rue Vignon 75009 Paris
http://www.helmutnewcake.com/

Tarte aux pommes
ポワラーヌのりんごのタルト

それは衝撃的な事件でした。この店のご主人で、以前仕事でお世話になっていたリオネル・ポワラーヌ(Lionel Poilâne)さんとパリの町で偶然お会いし、お互い元気なことを確認して別れたのですが、その2か月後、リオネルさんは、飛行機事故で突然この世から去ってしまいました。当時、ポワラーヌといえば、すでに世界中に知られたパリのパン屋さんでしたから、このでき事に世間は騒然となりました。しかし今は3代目のアポロニアさんが当時と変わらないパンを作っているし、このりんごのタルトも昔と変わらないたたずまいです。たかがりんごのタルトですが、このタルトこそが、まさにパン屋のりんごのタルトなのです。

50年前に比べると、現在フランスのパン消費量は3分の1以下に減ってきているそうです。人々はパンをあまり買わなくなったということですが、ポワラーヌでは逆に増えているとのこと。何千年もの歴史を持つパンは、もともとは手を使って作ってきたもの。どんな最新の機械を取り入れたとしても、その人間の原始的な動作で作り上げられる美味しさは格別だということを、皆がわかっているからなのです。りんごのタルトもしかり。型を使わず、自然な手の動きに任せて作られます。焼く前にふりかけた砂糖がりんごのペクチンを引き出し、りんごの味を凝縮させ、カリカリの生地と一体化。口の中で酸味と甘みがはじけます。

ポワラーヌは1932年に、リオネルさんのお父さん、ピエールさんが始めたお店で、その出身はノルマンディーだったとか。ノルマンディーでは、ポワラーヌという姓の人が四人いたら、一人はパン屋だったとリオネルさんは言っていました。そして、ノルマンディーといえば"りんご!"ですね。このりんごのタルトは、ポワラーヌ家のルーツをたどるお菓子でもありました。現在は、注文すれば、アイスクリームの名店「ベルティヨン(Berthillon)」のアイスを添えてくれます。

この店の有名なミッシュと呼ばれる全粒粉パンを夕食用に買いながら、焼き立てのりんごのタルトの魅力に勝てず、店先でぱくりと頬張るお父さんたちの姿は、昔も今も変わりません。

POILÂNE
ポワラーヌ
住所● 8 Rue du Cherche-Midi 75006 Paris
https://www.poilane.com/

Ali-Baba

ストレールのアリババ

ストレールというのは、18世紀に宮廷で活躍していたお菓子職人の名前です。

彼が主に仕えていたのは、ポーランドから亡命してきたスタニスラス・レクチンスキー公。公の娘マリーは、ルイ15世に嫁ぎ、公はロレーヌ公国を治めることを許されました。公の彫像は、アールデコの発祥地ロレーヌ地方、ナンシーの中心、スタニスラス広場に今も見られます。

もともと公はたいへんな食いしん坊だったので、さまざまなお菓子をストレールに試作させていました。ある日、公は、隣接するアルザス地方に伝わるクグロフを食べようとしたところ、あまりにも固かったので、お酒をかけて食べることを思いつきました。その美味しさに感動して、ストレールに創作させたのが、「アリババ」というお菓子です。アリババは、公がお気に入りだった『千夜一夜物語』の中の登場人物の名前。

のちにストレールは、ヴェルサイユ宮殿に移動。ルイ15世の王妃マリー・レクチンスカにも仕えました。ルイ15世には、ポンパドール夫人、マダム・デュ・バリーといった愛人が常にいました。そんな彼の浮気癖を食い止めようと、マリー王妃は、父親のスタニスラス・レクチンスキー公まで巻き込み、美食で国王の気持ちを繋ぎとめようとしたといいます。それにおおいに貢献したのが、ストレールだったのです。

ストレールはその後1730年、パリに一軒のお菓子屋さんを開きます。それが、パリ最古と言われているこの店です。アリババは、バター入りの発酵生地にラム酒入りシロップをたっぷりきかせ、流れ落ちない程度の固さのクレーム・パティシエールが詰まっています。同じ発酵生地のお菓子、「ババ・オー・ラム」もストレールの人気商品。

店内は狭いですが、常にお客さんが絶えず、お惣菜も人気。壁には一人の巫女が描かれており、右手に「ババ」、左手に「ピュイ・ダムール」というお菓子を高く積み上げたトレイを持っていますが、これに気が付く人は、よほどのお菓子好き。1月に、クリームの入らない生地だけの、昔ながらの「ガレット・デ・ロア」を販売しているのはここだけ。パリ最古のお菓子屋さんという誇りを感じます。

STOHRER
ストレール
住所● 51 Rue Montorgueil 75002 Paris
https://stohrer.fr/

Semifreddo

パリでは趣味のシャンソンを習いに行くスタジオがあるのですが、そこにたどり着くには、メトロ4番線のシャトー・ドーという駅から歩きます。しかし、地下から外に出ると、ここはどこの国かと思うほど、肌の色が異なる人たちが行き交います。至るところで目につくのは、アフロヘア専門の美容室。「パティスリー・トローニャ・パー・ベゼ・シュクレ」は、そんな界隈にあります。この町にパティスリーがあるのがちょっと意外な感じですが、ここは伝説の飴細工職人、トローニャ爺さんのお店だったところです。彼は1960年代、その名を全世界にとどろかせ、ローマ法王やエリザベス女王の注文も受けていたとか。日本に飴細工を伝えたのもトローニャさんです。

その後は、息子クリスチャンさんが後を継ぎ、彼のクリエーションがまた世の中を騒がせます。それがこの「セミフレッド」です。親族の婚姻で、スペインと関係ができたことにより、スペインのお菓子からインスピレーションを受けた一品だといいます。ジェノワーズ生地に、スペインのイェマ(Yema)と呼ばれるクリーム、少量のクレーム・パティシエール、そして立てた生クリームを混ぜたものが挟んであり、アーモンドのヌガティーヌのエクラがアクセントになっています。表面は、焼きごてでキャラメリゼされていますが、この手法は、スペインの「クレーマ・カタラーナ」というデザート菓子をイメージしたものです。セミフレッドとは、半冷凍という意味。ですから、作ってから冷凍し、食べる1時間前には冷凍庫から出して、食べるのがベスト。クリスチャンのセミフレッドも有名人が遠くから求めにやってきたといいます。しかし、その後、界隈の雰囲気も変わり、お店も閉店していたのですが、「フォーシーズンズ・ホテル　ジョルジュ・サンク」や、「リッツ・エスコフィエ料理学校」講師として活躍していたケヴィン・ベジエさんがお店を引き継ぎ、2017年に再オープンすると、待ってましたとばかり、かつてのファンがセミフレッドを求めてやってきました。お店にはイートインスペースがあって、ここで溶けないうちに、セミフレッドをいただくこともできますよ。

PÂTISSERIE THOLONIAT PAR BAISERS SUCRÉS
パティスリー・トローニャ・パー・ベゼ・シュクレ
住所● 47 Rue du Château d'Eau 75010 Paris
http://www.baiserssucres.com/

Citron Jaune
ル・ムーリスのシトロン・ジョーヌ
Le Meurice
CEDRIC GROLET

これは驚き！　まるで本物のシトロン（レモン）ですが、れっきとしたパティシエが作ったお菓子です。そのパティシエとは、新世代のパティシエとして圧倒的な支持を得ている「ル・ムーリス」のセドリック・グロレさん。彼の作るトロンプ・ルイユ（だまし絵）的なお菓子は、単に姿を真似したということではなく、そのフルーツの味をリスペクトした構成になっています。また、その形は一つひとつ職人の手でかたどっていくので、それぞれ異なるのが常です。

近年、フランスの製菓業界も、労働時間の短縮に伴い、働き方や環境が変化しています。

いかに効率よく仕事をしていくかを考えれば、作りたいお菓子の型を使って量産する方法もありますが、シェフのグロレさんはそうは考えません。もともとフルーツは自然のもの。一つひとつ形が変わるし、収穫時季や場所によっても味が異なるため、手作業は欠かせないのです。

シェフが、今までフルーツをテーマにしたお菓子はこれだけではありません。ショコラのデコレーションを考えるのだったら、フルーツの皮も捨てずに、乾燥させて使うことに心を砕きます。シェフのフルーツへの愛は、それをおやつにしていた子供時代、そして、田舎でいちごやブルーベリー、フランボワーズを摘むアルバイトをしていた時代からずっと続いています。その体験の中で発見したこと、それは朝摘みのフルーツは風味が閉じ、夕方は香りと味が開くデリケートな食物であること。そんな体験もフルーツを表現する上では欠かせなかったことでしょう。

口にした途端ほとばしるその酸味は、見た目どおりシトロンそのもの。その構成ですが、中心部はシトロンの自家製マーマレード、その外側をホワイトチョコレートの柚子風味のガナッシュで覆い、さらにイエローで色付けしたホワイトチョコレートとカカオパウダーの液体を吹き付け、最後はキルシュと混ぜた金箔を塗ります。

こうした斬新なお菓子は、ともすると見た目だけのものになりがちですが、このシトロンのように、パティシエの考え方を反映するお菓子は、常に人々を驚きと感動に引きこむのです。

LA PÂTISSERIE DU MEURICE PAR CÉDRIC GROLET
ラ・パティスリー・デュ・ムーリス・パー・セドリック・グロレ
住所● 6 Rue de Castiglione 75001 Paris
https://www.dorchestercollection.com/en/paris/le-meurice/

Tarte au fromage
レ・ドゥ・マゴのタルト・オ・フロマージュ

パリに来たら、やはり一度はここに座りたい。サン・ジェルマンの「レ・ドゥ・マゴ」。いつも混み合っていますが、テラスで眺めるサン・ジェルマン・デ・プレの賑わい、行き交う人々、パリジャンたちの会話。その全てを一杯のカフェとともに堪能することができるのです。かつてここに集まっていたランボーやマラルメ、ジャック・プレヴェールなどの詩人、サルトルやボーヴォワールなどの哲学者たちも、一杯のカフェで情報収集をしたり、議論を戦わせていました。この店は、もともとカフェとして構えていたわけではなく、二人の中国人像（Deux Magots）が目印だった店を1885年に当時の経営者が譲り受け、カフェに改装したのですが、中国人の像はそのまま店内に設置。今もシンボルとなっています。

カフェのお菓子は、だいたい定番と決まっています。プロフィトロール、ガトー・ショコラ、エクレアなどなど。しかし、ドゥ・マゴでは、海外からの観光客や最先端を追うお客などもいることを考慮して、定番菓子の他に、「ピエール・エルメ」のイスパハンなども注文することができます。私が目を付けたのは“Cheese-Cake”。少し前だったら、チーズは食後にワインと一緒に食べるもの。甘くしてタルトなんてとんでもない、とされていましたが、今は英語が行き交うパリ。人々は新しいものに敏感になっています。さて、そのチーズケーキのお味はというと、クリーミーで乳味もしっかり。タルト生地もざっくりした味わいです。フランス人が作るチーズケーキは、また別の美味しさのアプローチがあります。このチーズケーキは、パリに3軒店を構える「ゴスラン（Gosselin）」のもの。ゴスランのシェフ・パティシエで、以前は「ストレール」のシェフをしていたというダヴィッドさんに話を聞くと、台はパート・シュクレを砕いてバターとカソナードを混ぜているとのこと。クリームの部分は、クリームチーズ、フロマージュ・ブラン、そしてサンモレ（St Môret）という牛乳から作った柔らかいチーズも使用しているそうです。チーズケーキは、パリではちょっとした流行りのようで、それなら教えてあげたい日本の洋菓子もたくさんあります。きっと彼らには新鮮なはず！

LES DEUX MAGOTS

レ・ドゥ・マゴ
住所● 6 Place Saint-Germain-des-Prés 75006 Paris
http://www.lesdeuxmagots.fr/

Crêpes Suzette
ラ・クーポールのクレープ・シュゼット

“ぼくたちは、貧乏でお腹をすかしていたけれど、成功を信じていた。ビストロで温かい食事を食べるお金はなかったから、1枚の絵をお金の代わりに描いたんだ”。これは、昨年94才でこの世を去った有名なフランスの歌手、シャルル・アズナブールの『ラ・ボエーム(La Bohême)』という歌の一節です。ここで歌われている絵描きは、ユトリロやモジリアーニなど、モンパルナスに住んでいた画家たちです。彼らは食事代も払えないほど貧乏でしたが、お金を払えなくても、絵を買い取って食事代にしてくれたのが、この「ラ・クーポール」や「ロトンド」のようなモンパルナスにあるカフェでした。

1919年以降、第一次世界大戦後の解放感とともに、人々は芸術にあこがれ、その中心ともなったモンパルナスに集まるようになりました。そして、町のあちこちでお祭り騒ぎが行われるようになり「レ・ザネ・フォル(Les années folles＝狂乱の時代)」と呼ばれるようになったのです。

ラ・クーポールは、フランス中南部ミディー・ピレネー地方出身の、アーネスト・フローが1927年に創った広大なカフェです。クーポールとは、丸天井の意。またフロアには33本の柱があり、その柱全てにピカソをはじめとする、当時の画家たちの絵が描かれており、建物の一部は歴史的建造物に指定されています。

この店では、料理のソースやデザートをギャルソンがお客の前で次々と盛大にフランベして仕上げてくれるのですが、もちろん、この「クレープ・シュゼット」も作ってくれます。まず、オバル型の銅のフライパンを温め、慣れた手つきでバターや砂糖を溶かし、オレンジの果汁を注いで、その汁の中でクレープを軽く煮込みます。最後はオレンジリキュールでフランベ。あたりに立ち込めるオレンジの香りもご馳走です。

クレープ・シュゼットは、1896年、モンテカルロの「カフェ・ド・パリ」というレストランでパティシエをしていたアンリ・シャルパンティエが、お客としてやってきた英国皇太子と同伴の女性のために作ったと言われています。その女性のシュゼットという名前を冠して一世を風靡したクレープ料理は、その後世界中で愛されるようになりました。

LA COUPOLE

ラ・クーポール

住所● 102 Boulevard du Montparnasse 75014 Paris

https://www.lacoupole-paris.com/

Bretzel

ボファンジェのブレッツェル

「ブレッツェル」は、アルザスのブーランジェによって作られるパンです。しかし、これをパンと言っていいのかどうか？　というのは、アルザスでも、ブレッツェルは、食事の際に食べるパンではなく、ブラッスリーやヴァンステュブ（Winstub＝アルザスではビストロのような食堂をこう呼びます）でテーブルに座ると、すでに木製のブレッツェル専用のスタンドにかかっており、アペリティフとして、いつでも食べられるように提供されています。

アルザスでは、古くからビールが醸造され、そんなビールにうってつけなおつまみが、塩味がほどよいこのブレッツェルでした。材料は、小麦粉、水、油、イーストパン、塩と、普通のパンとほとんど変わりません。しかし、パンより目が詰まった食感のものが多く、ビスキュイに近いとも言えます。表面にちりばめられた粗塩が生地の美味しさを引き出しています。そして、もう一つ、このブレッツェルは、他のパン作りにはない特徴的な工程を要します。それは、茶褐色の美味しそうな焼き色を出すために、重曹を混ぜたアルカリ液に生地をくぐらせてから焼くということです。中世では、パティスリーもブーランジェも作っていたというブレッツェルですが、1492年に、ブーランジェが専門に作ることになったため、パン屋のシンボル的な存在となりました。今でもアルザスでは、石造りの家の入り口に、あるいはお墓の石にブレッツェルの線画が刻まれていれば、そこはブーランジェと縁のあるところだったという印だそうです。

ブレッツェルには、三つの穴がありますが、アルザスの人々は、そこから太陽が３回降り注ぐと言います。それは、幸運と生命の力を与えてくれる穴でもあるのです。

ブレッツェルのそんな力を感じたかったら、バスティーユ広場の一画にあるブラッスリー「ボファンジェ」に行ってみては？　1864年創業のパリで最も古いブラッスリーと言われ、生ビールを最初に出したお店とか。当時のパリっ子には、珍しい飲み物だったに違いありません。そんなベル・エポックに思いをはせながら、たまにはパリで、ビールとブレッツェルもいいかもしれませんね。

BOFINGER
ボファンジェ
住所● 5-7 Rue de la Bastille 75004 Paris
https://www.bofingerparis.com/

Tarte Tatin
ラ・クロズリー・デ・リラのタルト・タタン

ヘミングウェイの小説には、しばしばこのカフェが登場します。彼がノートを広げて仕事をしようとしていると、誰かが邪魔をする。すると彼は思う。“そもそも、ここは私のホーム・カフェなのである。こちらのほうがクロズリー・デ・リラから追い出されるなんて、とんでもない”(『移動祝祭日』高見浩訳　新潮社)。そう、ここは20世紀前半、作家、画家、思想家たちのたまり場だったのです。

今でこそ、モンパルナスにはたくさんカフェがありますが、当時は、「クロズリー・デ・リラ」がこの界隈で最初にできたカフェと言われており、そこで、アンドレ・ブルトンやピカソ、サルトルなどが集まり、語り合い、仕事もしていたのでした。中でも熱心にこのカフェに通っていたのは、アメリカ人のヘミングウェイでした。当時、アメリカには禁酒法が制定され、物価が安く住みやすいフランスに滞在していたアメリカ人作家も少なくなかったようです。

そんな著名人たちが語り合ったという、リラの花で囲まれたテラス席は、今でもカフェとして一日中利用できます。ここで召し上がっていただきたいデザート菓子が、年輪状のこの「タルト・タタン」。変わっているのは形だけではなく、材料も。バターではなくオリーブオイルを使って仕上げています。作ったのは、シェフ・パティシエのウイリアム・ラマニェールさん。あるテレビ番組で、エルメさんら、グラン・シェフたちに絶賛されたので、作り続けているとか。このお菓子を作るために、何種類ものオリーブオイルを試食したそうです。日本の小豆島のオリーブオイルも使ってみたそうですが、選んだのは、レ・ボー・ド・プロヴァンスの造り手の逸品でした。かつらむきにして渦巻き状にシリコン型に詰めたりんごに、このオリーブオイルを振りかけて焼き、焼き上がったら、フィユタージュの台に載せます。さらにオリーブオイルで表面につやを出し、ミルクチョコレートと生クリームを合わせたヴァニラ風味のクリームをクネル状にして飾れば、でき上がりです。

陽が暮れると、奥のレストランから聞こえてくるピアノの生演奏とともに、デザートワイン片手に、モンパルナスのソワレも素敵です。

LA CLOSERIE DES LILAS

ラ・クロズリー・デ・リラ

住所● 171 Boulevard du Montparnasse 75006 Paris

https://www.closeriedeslilas.fr/

Entremets Madeleine
オテル・リッツ・パリのアントルメ・マドレーヌ

わ、大きなマドレーヌ！　どれどれ食べてみようか、なんて、指でさわるとたちまち形が変わってしまいます。そう、これは、一人分のアントルメとして作られた、柔らかいお菓子なのです。見た目はまったく焼き菓子のマドレーヌそっくり。作ったのは、「オテル・リッツ」のシェフ・パティシエのフランソワ・ペレさん。

オテル・リッツといえば、ホテル王リッツが、偉大なる料理人オーギュスト・エスコフィエと、1898年に創業した由緒あるホテル。しかしホテルも老朽化が進み、数年前に改装を始め、2016年再オープンにこぎつけた矢先に火事になり、4か月おくれて同年7月にやっと再開しました。その再オープンに向けて、シェフ・パティシエとして白羽の矢を立てられたのが、パリのホテル・ランカスターの「ミッシェル・トロワグロ」でシェフ・パティシエを務めてきたフランソワさんです。

リニューアルしたホテルで任された仕事は、まったくの白紙からのスタート。しかしヒントはホテルの中にありました。正面玄関から入ってすぐ右手の待合サロンを「サロン・プルースト」と名付けたティーサロンに変えたので、そのテーマに沿った象徴的なお菓子を作ろうと考えたのです。プルーストとマドレーヌの関係は、その著書『失われた時を求めて』の第一篇、マドレーヌを紅茶に浸して食べるシーンが有名。そこからプルーストとマドレーヌは切っても切り離せないものとなっています。

「パティスリーは、フランスの芸術の一部」と自負するフランソワさんが考案したそのマドレーヌは、ビロードのような焼き肌がなんとも言えません。そこにフォークを一刺し。すると自然にフォークが落ちていくほど柔らかいムース・シャンティーが現れ、そのムースからは、栗のはちみつ、そう、それも彼がこのお菓子の構成で一番思いを寄せている風味、コルシカ産栗のはちみつのクレームが。そしてやっと焼き菓子のマドレーヌにたどり着きます。ムースと生地の間には、カリカリのスライスアーモンドが隠れ、柔らかい中にもアクセントが。「アントルメ・マドレーヌ」は、サロン・プルーストではなく、その向かいの「バー・ヴァンドーム」でいただけます。

HÔTEL RITZ PARIS

オテル・リッツ・パリ

住所● 15 Place Vendôme 75001 Paris

https://www.ritzparis.com/

Afternoon tea
フォーシーズンズホテル ジョルジュ・サンクの
アフタヌーン・ティー

かつてパリのパティスリーは、10年同じお菓子を作っていても、誰もなんとも言いませんでした。しかし現在は、情報がメディアやSNSを通してどんどん更新される時代。斬新なアイディア、美しいビジュアルのパティスリーに、これまでにない関心が寄せられています。そんな今の話題をさらっているパティシエたちは、パラスと呼ばれるパリの高級ホテルに集中しています。その中の一人であるフレデリック・マキシムシェフが作るお菓子を、アフタヌーン・ティーでいただきました。

アフタヌーン・ティーは19世紀にイギリスのベッドフォード公爵夫人が始めたとされています。私が知人のイギリス人から聞いた話では、当時は女性だけを招いておしゃべりをする際、召使いも断り、テーブル脇のワゴンに、いつでも食べられるようにサンドイッチやお菓子を置いていたのだとか。

「フォーシーズンズホテル ジョルジュ・サンク」のアフタヌーン・ティーのメニューは、基本的に、お茶、3段のお皿に乗ったお菓子やカナッペなどのアソートが一人前11種類、さらにワゴンからお菓子がチョイスでき、ホテルメイドのスコーンが、ジャムやクロテッドクリームとともに供されます。

さらに豪華なメニューになると、シャンパーニュや軽食がつくメニューもあり、かなりの量ですが、アフタヌーン・ティーの背景には、夜の観劇や社交で夕食が遅くなってしまう場合の腹ごしらえを兼ねているという意味もあるからだそうです。

お菓子類は、季節ごとに変化するとのことですが、今回いただいたお菓子は、いずれも繊細な仕上がり。上段のブリオッシュは、軽さの中にバターの風味がリッチに香る一品。その横は、焼き上がってからはちみつを注入したマドレーヌ。2段目のチョコレートタルトには、なんと羊羹ペーストをしのばせたと言います。新しい食材やテクニックにも果敢に挑戦するマキシムシェフ。

心地よく流れてくるピアノの音、高い天井、お花があふれる中庭とともに過ごすアフタヌーン・ティーは、五感を心地よく刺激してくれる非日常の時間です。

FOUR SEASONS HOTEL GEORGE V

フォーシーズンズホテル ジョルジュ・サンク

住所● 31 Avenue George V 75008 Paris

https://www.fourseasons.com/paris/

Pascade
パスカード

パンを器にしてスープを注ぐ料理は自分でも作ったことがありますが、この店の名前にもなっている「パスカード」では、クレープ生地を器にしたものに、肉やチーズ、野菜を入れて食事として食べたり、このように、チョコレートのアパレイユを入れて焼き、デザートとしてもいただくことができます。

パスカードは、もともとは、ミディー・ピレネー地方アヴェイロン県の郷土料理です。レシピは、普通のクレープの作り方と変わりません。小麦粉、卵、牛乳、少々のオイル、塩を混ぜて、フライパンで表裏焼くというもの。ただ、普通のクレープと違って厚めに焼きます。中に豚の脂身やハーブ、オニオンが入ることもあるとか。パリのこの店のパスカードも、クレープ生地で作るのですが、型を使って作ります。型には、あらかじめバターを塗って砂糖をまぶします。すると、焼いているうちに、側面が浮き上がってきて、器のような形になるそうです。砂糖を使っているので、焼き上がりは、キャラメリゼされた生地がカリっとしているのが特徴。中に肉や魚介類が入っても生地が甘いのがユニークです。

人類が最初に食べた料理はおかゆだと言われています。ヨーロッパでは、麦を砕いて水と一緒に煮たのでしょう。麦のおかゆは、その後、型を使用して焼かれるようになり、「ファー・ブルトン」や「クラフティー」というお菓子に発展していきます。また、石の上に流して焼く薄い食べ物も誕生します。それはやがてクレープと呼ばれるようになり、または、2枚の鉄で焼くワッフルになっていきます。

アヴェイロンでは、パスカードは、復活祭が終わった最初の日曜日に食べる料理として伝えられているそうです。それは、このパスカードという名前の由来からもわかります。復活祭（Pâques）を意味する古語、PâscosがPascadeと呼ばれるようになったそうです。

撮影をしていたら、横から「カオール」の甘口赤ワインが……。「デザートもワインなしでは語れないでしょ？」と、ソムリエのバティストさん。そうそう、このエスプリ、日本に持ち帰りたいものの一つです。

PASCADE
パスカード
住所● 14 Rue Daunou 75002 Paris
https://www.lapascade.com/

Millefeuille
カフェ・ド・ラ・ペのミルフォイユ

フランス革命後、パリで最も栄えていたのは、パレ・ロワイヤルでした。この場所には革命前にはオルレアン公の居城があったのですが、ブルボン王朝末期には財政困難に陥り、金策として、回廊に店を構えて収入を得ようとしたのです。しかし、王が変わりルイ・フィリップの時代になると、界隈の賑わいを封じてしまったため、パレ・ロワイヤルは一気に活気を失いました。するとパリジャンは、1821年に建設されたオペラ座の周辺に向かったのです。オペラ座からのびるイタリアン通りには、商売や投機などで富を得た人々が大邸宅を建て始め、オペラがはねた後、夜食をとるレストランやカフェは格好の社交場となりました。そんな時代に誕生したのが、「カフェ・ド・ラ・ペ」です。オープンすると同時に、バルザックやヴィクトル・ユゴー、エミール・ゾラなどの作家やジャーナリスト、著名人のたまり場になり、「エレガンスの殿堂」とまで讃えられたそうです。

このカフェは、約150年前に建設され、ナポレオン3世妃のウージェニー皇后がその開幕式を祝ったと言われている「インターコンチネンタル パリ ルグランホテル」に併設されています。そんなカフェでは、やはり、プロフィトロールやエクレア、フルーツのタルト、パリ・ブレストといった伝統的なお菓子をいただきたいもの。中でも代々パティシエたちが作り継いでいる「ミルフォイユ」。現在は、2017年にシェフ・パティシエールに就任したソフィー・ド・ベルナルディさんが作っています。ソフィーさんは、クラシックなホテルのお菓子を、伝統的な部分は大切にしながらも、そこに新たな解釈を取り入れて軽やかに仕上げています。「特別なことはしていません。生地のフィユタージュはアンヴェルセではなく今まで作ってきたものですし。クリームはクレーム・パティシエールと生クリームを混ぜたものです。でも、私なりに、生地の焼き方、クリームの配合、工程を見直してきたので、美味しいと言っていただけて嬉しいわ。本に出していただけるなんて、光栄です」と謙虚でお茶目な部分も覗かせながら、パリの中心にあるこのカフェのお菓子を任されている誇りと自信を感じました。

CAFÉ DE LA PAIX
カフェ・ド・ラ・ペ
住所● 5 Place de l'Opéra 75009 Paris
https://www.cafedelapaix.fr/

Baba

ブラッスリー・リップのババ

パリのお菓子の中には、デザートとしていただくことでその美味しさを味わうことができるものが少なくありません。ババ、プロフィトロール、クレープ、バシュラン、イル・フロッタントなどは、今でもビストロやブラッスリーの定番メニューです。

ビストロ（Bistro）の語源は、19世紀初頭、ナポレオン軍兵士たちを追って、ロシア兵がフランスで入った食堂で「ビストロ、ビストロ！（早く、早く！）」と叫んだことに由来しているとか。ブラッスリーは、もともとは、ビールやシュークルートを提供するアルザスのレストランで、ブラッスリー（Brasserie）という言葉は、ビールを醸造する意味のブラッセ（brasser）という動詞から派生したそうです。

そんなブラッスリーは、鉄道が発達すると、アルザスからの電車が到着するパリの東駅の周辺にできるようになりました。「ブラッスリー・リップ」ができたのもそんな時代です。1880年、レオナール・リップが奥さんとサン・ジェルマンに出店。その後、サン・ジェルマンは、詩人や作家が落ち合う場所となり、リップの常連には、ポール・ヴェルレーヌやギョーム・アポリネール、サルトルとボーヴォワールが名を連ねます。

私がリップで選んだのは、アルザスのお隣のロレーヌ地方発祥のお菓子アリババ（P57参照）から、その名前を取った「ババ」です。円筒の先を広くした型で生地を焼くのが決まり。焼き上がった生地は、シロップに浸すと、2倍くらいに膨れることに驚きます。中までシロップがジュワっと浸透していれば、このお菓子作りは成功ですが、お店によってはそうでないババに当たることも。多分見習いが作ったのだと思ってそこは寛容に（笑）。

でも、リップのそれは、ナイフを入れると、生地の中からもシロップが広がり、なんともジューシー。ラム酒の効かせ加減が半端ではありません。これぞ、王様のデザート！

ふと周りを見渡すと、いつのまにか満席。外国人客も多く、英語が飛び交いますが、「携帯電話禁止」などの店内の表示は、フランス語のみ。どんなに時代が変わっても、パリの老舗ブラッスリーとしての誇りを、そこに垣間見た気がします。

BRASSERIE LIPP

ブラッスリー・リップ

住所● 151 Boulevard Saint-Germain 75006 Paris

https://www.brasserielipp.fr/

Café liégeois

ル・プロコップのカフェ・リエジョワ

パリに料理留学した初日、郵便局から電話で母に、無事フランスに到着した旨を報告した途端、急に心細くなり、近くにいた日本人男性を呼び止め、「今晩、お食事一緒にいかがですか？　でも、行きたいところは決まっているんです。プロコップというレストランです」と、なんとも大胆な誘いをしてしまいました。すると男性は、「あ、いいですね、僕も明日日本に帰るし。ちょうどよかった」と言ってくれたのでした。

パリに行ったら、最初に行ってみたいレストランがここでした。なぜならば、ここはパリで最初にできたカフェだったと聞いたからです。「プロコップ」というのは、フランチェスコ・プロコピオというイタリアのシシリア出身の男性の名前で、店の創業者でもあります。1689年に創業したプロコップは、黒のタイル貼り、壁にはタピスリーを飾り、至るところに鏡を配した豪華な内装で、たちまち人々の話題に上り、ルソー、ヴォルテール、ディドロなどの哲学者たちをはじめ、音楽家や作家などの知的階級が集まるカフェとなりました。今でも、当時のままの内装の店内には、その面影を映す彼らの所持品などが、残されています。

18世紀になると革命家たちが集まるようになり、ここで革命のミーティングをしたと言われています。

今回ご紹介する「カフェ・リエジョワ」ですが、もともとは、オーストリアのウィンナー・カフェを表すフランス語、カフェ・ヴィエノワと呼ばれていたもの。第一次大戦時にオーストリアの名前を使うことが禁止されたため、ベルギーのリエージュの地名をとって、カフェ・リエジョワ（リエージュのカフェ）となったそうです。

カフェ・リエジョワは、一般的には、ヴァニラとコーヒーアイスをグラスに入れ、ホイップクリームを乗せるデザートです。しかし、プロコップのカフェ・リエジョワは、カフェ風味のジュレとヴァニラアイス、パンナ・コッタ、クレーム・シャンティーに、エスプレッソを注ぐオリジナルスタイル。

カフェ・リエジョワにまで、歴史の一幕を垣間見ることができるというプロコップでのブレイクタイム。パリならではです！

LE PROCOPE
ル・プロコップ
住所● 13 Rue de l'Ancienne Comédie 75006 Paris
https://www.procope.com/

Crêpe

ブレッツ·カフェのクレープ

薄く小麦色に焼けたクレープを四つに折り、そこにカソナードを散らし、バターをのせただけで、こんなに美味しいなんて！

クレープは、もともとはブルターニュが発祥の地です。今では、避暑地、観光地、そして「ファー・ブルトン」、「クイニー・アマン」などのお菓子でも有名ですが、昔は土壌が肥えていなかったため、これといった産物もありませんでした。そこに中世、中国原産のそばが、イスラムの国を経由して十字軍によりブルターニュに伝わり、その土壌が最適だったため、そばを生産するようになり、そば粉のクレープ、つまり今ではガレットと呼ばれるものを食事として作るようになりました。余談ですが、「ガレット・コンプレート（Galette complete）」というメニューがよくありますが、これはフランス人が大好きな、卵、ハム、チーズの3種の具入りのため、コンプレート（完全という形容詞の女性形）と呼ばれています。19世紀末には、鉄道の発展とともに、肥料が運ばれ、ブルターニュでも麦が栽培されて、小麦粉を使ったデザート用のクレープも作られるようになったのです。

この店のオーナーのベルトランさんも、ブルターニュ出身。日本にも何軒かクレップリーを開いていますが、パリに出店するや、たちまち人気店に！　人気の秘密は、使用している小麦粉やそば粉、卵などがビオ（有機栽培）であることなど、素材へのこだわりと、わかりやすくオリジナルなメニューの魅力。今回紹介するシンプルなクレープは、“Beurre de baratte”という品書きでした。バラット（baratte）とは、バター製造用の攪乳器のことです。これを使って、牛乳の油脂分と水分を分けるのです。かつて、ブルターニュを訪ねた時、農家で使用されていた木製の樽のようなバラットを見せてもらったことがありましたが、今はもう機械化されているところがほとんどでしょう。しかし、このクレープに乗っているバターは、ブルターニュのボルディエ社のもので、ビオ牛乳から作る最高の風味。熱々の生地にボルディエバターが溶けて広がる最高の瞬間をぜひ召し上がってみてください！　あ、もちろんシードルとともに！

BREIZH CAFÉ
ブレッツ・カフェ
住所● 14 Rue des Petits Carreaux 75002 Paris
https://breizhcafe.com/fr/

Petit beurre LU
プティ・ブール・リュ

日曜の午後に、友人のパリジェンヌ、イザベルとリビングでおしゃべりをしていると子供たちが「ママン、おやつは？」とねだりに来ます。するとイザベルは「しょうがないわね」と、子供たちが届かないキッチンの棚を開け、このビスキュイを取り出すのです。子供のいるフランス人の家庭には必ずあるお菓子「Petit beurre LU」。Petit beurre は、［バターを使った長方形のビスケット］と仏和辞典にも掲載されているほどポピュラーになった商品名です。そして、LUは、この会社を創業したルフェーヴル・ユティル夫妻の頭文字をとったものです。

製造元は、ビスキュイの表面にもNANTESと記されているように、ロワール地方のナントにあります。もともとは、プティ・フールやアーモンド菓子などを作っていたパティシエ、ジャン・ロマン・ルフェーヴルのお店を、1886年に息子のルイ・ルフェーヴル・ユティルが継ぐと、彼は旅先で見かけたイギリスのビスケットからヒントを得て、似たようなお菓子の生産を手掛けるようになりました。そしてでき上がったそのビスキュイ、LUは、見た目はクッキーのようですが、カリッとした食感や甘いバターの香りは、イギリスのビスケットにはない特徴がありました。これがバター好きのフランス人の心を虜にするのに時間はかからなかったでしょう。さらに、ルイはこのビスキュイにある思いを込めました。「全国民に毎日食べてもらいたい！」という願いです。その思いは、その形と周囲の凹凸、そして表面の規則的に開けられた小さな穴の数に表れています。凹凸は52個あって、一年の週の数を表します。四つ角は、四つの季節。長さは7cmあり、一週間の日数。そして、表面の穴は24個。これは24時間という一日の時間を表します。ルイはこれを、おばあさんが編むレースのテーブルクロスを見て思いついたのだそう。量産でも美味しいビスキュイができるのは、ブルターニュのフレッシュな牛乳やミネラル豊富な塩入りのバター、ロワール産の小麦がふんだんに入手できる背景があるからと言えましょう。最近は、エールフランスの機内ギャレーにも、3枚入りのこのLUの小袋が常備してありますよ。

LAFAYETTE GOURMET

ラファイエット・グルメ(P143参照)

住所● 35 Boulevard Haussmann 75009 Paris

メーカーのHP● https://www.lu.fr/

Kouglof
ヴァンデルメルシュのクグロフ

パリ一の「クグロフ」を作る職人がいます。パリ12区にブーランジュリー・パティスリーを構えるステファン・ヴァンデルメルシュさん。彼は、「フォション」や「ラデュレ」で修業したパティシエですが、現在のお店では、素材にこだわって作るパンも飛ぶように売れています。

クグロフは、オーストリアからマリー・アントワネットが伝えたという話もありますが、フランスではアルザスの伝統菓子という説が主流です。アルザスの人が語るクグロフの発祥はこうです。昔、キリストが誕生した際、東方の三聖人がその知らせを受けて、ベツレヘムのキリストが生まれた馬小屋まで旅をしました。彼らがアルザスのリボーヴィレという村を通った時はすでに日が暮れてしまったため、そこの陶器職人の家で泊めてもらうことになったのです。その際、お礼にと、その陶器職人が作った珍しい型でお菓子を作ったのがクグロフの起源だということです。

ステファンさんは、修業先の名店で、特に粉を使ったお菓子が得意でした。フォションではすでに、フィユタージュを仕込ませたら一番と言われていたほどです。そしてステファンさんは、1999年に現在のお店「ヴァンデルメルシュ」を構えると、翌々年の2001年、フィガロスコップというインターネット新聞の「ガレット・デ・ロワ」投票でパリ一に選ばれます。その後も、2002年を代表するパティシエに名前を連ね、2009年には、またフィガロスコップで「ミルフォイユ」もパリ一になりました。そして、2013年にクグロフで同じくトップに。

そんな彼のクグロフは、3日かけて仕上げられます。時間をかけて発酵させることによって、より豊かな風味を得ることができるといいます。クグロフの生地は、カテゴリーとしてはブリオッシュ生地なので、時間が経つとぱさつくことがありますが、このパリ一のクグロフは、いつまでもしっとりと柔らかいのです。その秘密は、焼き上がったあとに、溶かして澄ましたバターとオレンジの花の水入りシロップを塗っているからだとか。しかし、最初の一切れを口にした時から、やみつきになってしまうほど美味しいクグロフ。食べ終えるのに時間は関係なさそうです。

VANDERMEERSCH
ヴァンデルメルシュ
住所● 278 Avenue Daumesnil 75012 Paris
http://www.boulangerie-patisserie-vandermeersch.com/

Calisson

ル・ロワ・ルネのカリソン

「カリソン」といえば、プロヴァンスの、特にエクス・アン・プロヴァンスの銘菓です。なぜプロヴァンスかというと、プロヴァンスは、昔からカリソンの材料となるアーモンドの産地だからです。冬が過ぎるとアーモンドの木には、ピンク色の花が咲き、その後、緑色の実となり、その実は、初夏から夏にかけてマルシェの店頭に並ぶのです。その旬のアーモンドの殻を割り、出てくる白い実をいただきます。パリでも、その時期には同様に実のなるノワゼットとともに、マルシェの店頭に並びます。

「ル・ロワ・ルネ (Le Roy René) 」は、エクス・アン・プロヴァンスの近くにアーモンド畑を所有するカリソンのメゾンです。Roy は王様 (roi) を意味するフランスの古い言葉で、René は、ロワール地方アンジェ出身の王様の名前です。そのルネ王 (1409-1480) が、ブルターニュの、かつては港町として栄えたオーレイ出身のジャンヌ・ド・ラヴァル (1433-1498) と結婚し、エクス・アン・プロヴァンスに居を移した際、コンフィズリー職人がカリソンをジャンヌ妃に贈呈したところ、プロヴァンス語で、"Di cali soun"、つまり "Ce sont des Câlins" (これは、優しいお味ね) と言ったところから、Calisson と名付けられたとか。

以前は、シャルル・ド・ゴール空港で、ル・ロワ・ルネの四つ入りのお土産をよく買って帰っていたのですが、近年、パリ市内にもティーサロンを併設したお店ができ、高級食材スーパーなどでも見つけることができます。その風味も、フランボワーズ、いちじく、オレンジ、デーツ、洋ナシ……、フルーツの種類がある限り増え続けそうです。味のヴァリエーションを楽しみたい人には、より小さめのカリソンも登場しました。

写真では箱入りのフランボワーズ風味をご紹介していますが、店を訪れれば好みの味のカリソンを好きなだけ選ぶことができます。また、結婚式や洗礼式、誕生日などの特別な日のためのオリジナルカリソンも注文できるそう。とはいえ、エクス・アン・プロヴァンスのカリソン協会によれば、伝統的なカリソンは、メロンとオレンジの皮のコンフィが入るものが基本なので、まずはそれを試してみてはいかがでしょう。

LE ROY RENÉ

ル・ロワ・ルネ

住所● 8 Rue de Lévis 75017 Paris

https://www.calisson.com/

Praslines
マゼのプラリーヌ

プラリーヌとプラリネ。まずは、混乱を避けるために一言。プラリネは、プラリーヌから作られます。煮詰めた糖液にアーモンドなどのナッツ類を加えてからめた糖菓が「プラリーヌ」。それを粉末やペースト状にしたものが「プラリネ」というわけです。そしてプラリーヌ発祥の地が、パリから約120ｋｍのところに位置する、サントル地方のモンタルジという町です。そこに1903年からその製法を引き継ぐコンフィズリー「マゼ（Mazet）」があります。最近、パリにも進出。プラリーヌの他に、アーモンドをショコラで覆ったアマンド・ショコラ、ビスキュイ、ボンボン・ショコラ、マロン・グラッセと、そのアイテムに圧倒されます。この伝統的なプラリーヌも、オレンジ、はちみつ、丁子風味とヴァラエティーも充実。「イノベーションのないところに伝統は続かない」をモットーに、基本のプラリーヌをさまざまなお菓子、コンフィズリーに再構築。私が注目したのは、プラリーヌ風味のタルティーヌです。

プラリーヌという言葉は、モンタルジ出身の伯爵の名前プララン（Prasline）に由来しているといわれています。ある日、その伯爵のお抱え料理人、クレモン・ジャリュゾが、ヌガーを作っている時に鍋の底についたキャラメルにアーモンドを丸ごと落としてみたら、これがまた美味しかったということで、プラリーヌが誕生。時は17世紀、フロンドの乱真っただ中。プララン伯爵は王の命令により、ボルドーに交渉に出かけますが、役人たちはかけあってくれません。そこで伯爵は、役人の何人かを呼び出し、食事会を催すのです。そして、最後にこの自慢のアーモンド菓子を差し出すと、相手は大喜び。でも、これにはまだ名前がついていなかったので、その場で伯爵の名前からヒントを得てプラリーヌとしたとか。

もう一つの名前誕生説は、女性好きのプララン伯爵が、思いを寄せた女性に恋文を送ったのですが、その際、アーモンド菓子をボンボニエールに入れて贈ったところ、彼女は感動し、そのお菓子に伯爵の名前を付けたという話です。こちらの説が、プラリーヌのイメージによりぴったりのような気がしますね。

MAZET
マゼ
住所● 37 Rue des Archives 75004 Paris
https://www.mazetconfiseur.com/

Cotignac d'Orléans
オルレアンのコティニャック

ふたを開けると目に飛び込んでくるのは、鮮やかな赤オレンジのジュレ。それがピッタリ箱に張り付いています。これは、サントル地方、オルレアンで古くから作られているマルメロ（西洋かりん）のジュレです。よく熟れたマルメロを煮て濾し、ピュレに砂糖とペクチンを加え、とろみがつくまで煮詰めます。最後に色を付けて木箱に流し入れ、冷やして固めるのです。ボンボン（飴）とともに、このジュレは人々をおおいに魅了したとのこと。しかしどうやって食べるのでしょう。スプーンですくうには、器が小さすぎますね。「これはね、ふたですくって食べるのよ。残りは舐めちゃうの」と茶目っ気たっぷりに話してくれるのは、友人のオルレアン出身のおばあさん。

「コティニャック」のふたに描かれている人物は、15世紀、イギリスとの百年戦争の際、オルレアンをイギリスから解放し、シャルル7世を戴冠させた英雄ジャンヌ・ダルクです。オルレアンの人々のジャンヌ・ダルクに対する思いは、今でも特別なものがあるといいます。町の中心にあるマルトロワ広場には、ジャンヌ・ダルク騎馬像がそびえ、ゴシック式のサント・クロワ大聖堂のステンドグラスには、その生涯が描かれています。またジャンヌ・ダルクの礼拝堂もあります。

コティニャックは、オルレアンのお菓子ですが、他の地方で作られていたジュレのお菓子は、ルドゥドゥ（Roudoudou）と呼ばれ、貝殻に入れて固まらせたものだったそうです。私は見たことがありませんが、おそらく今でも作られているのでしょうか。ネットで検索していたら、作り方の動画を見つけました。

古くから作られていたというコティニャック。食前に食べると消化を促してくれるという言い伝えも。そんなことも理由だったのかどうか、古くは、フランソワ1世やアンリ4世妃、マルグレット・ナヴァール、その後ルイ15世とその愛人、マダム・デュ・バリーにも愛され、近年では、アレキサンドル・デュマもお気に入りだったとかで、このレシピを著書『Grand dictionnaire de cuisine』にも記載しています。ちなみにCotignacという名前は、マルメロを表すラテン語Cotoneumから来ています。

LE BONBON AU PALAIS
ル・ボンボン・オ・パレ
住所● 19 Rue Monge 75005 Paris
https://lebonbonaupalais.com

Pruneaux d'Agen fourrés

プリュノー・ダジャン・フーレ

貧血気味の私は、毎日プルーンを食べているのですが、ある日、近くのスーパーで買ったプルーンの袋に、「カルフォルニアのダジャン種」と記載がありました。ダジャン種？　聞いたことがないけれど、もしかしたら、アジャン種なのでは？　調べたところ、このダジャン種は、フランス人がアメリカに渡って植え付けたプラムの木だそうです。しかし、これはダジャンではなく、アジャンだと推測。フランスで最も品質のよいプラムは、南部のアキテーヌ地方、アジャン産のものだからです。

タイトルにも記したように、フランス語は、英語のofにあたる言葉は、deになるのですが、その後の単語の最初が母音だと、deのeを発音しなくなり、dとaを続けて読むので「ダ」という発音になります。日本でも、よくパティシエがクレーム・ダマンド（アーモンドクリームのこと）をダマンドと省略して表現しているのと同じですね。アメリカ人もそうやって、聞いたままを文字にしているのではないかと思います。

アジャンのプラムの木は、4～7m。花は白で、3～6cmの紫、または黄色の実がなります。皮は薄く、実が締まっているのが特徴。これを太陽の下で、50、70、90℃と温度を変えて乾燥機で乾燥させるのです。こうして、やぶれにくいしっかりした皮ができるのです。そして、このように干したプラムを、フランスではプリュノーと呼びます。

ところで、もともとアジャンのプルーンは、大粒でつやがあって、実が柔らかく、この上なく美味しいのですが、それにさらに手を加えたのが、このプリュノー・フーレです。フーレ（fourrés）とは、「中身を詰めた」という意味で、これは、一度、中の果肉を取り出してからりんごのピュレなどと混ぜて、再び詰め直したものです。

以前、この作業をフランス南部のアトリエで見学したことがありますが、主に働いているのは、地元の女性。皆さん、ここ数年病気になったことがなく、身体の調子がいいのは、やはり毎日食べているプルーンのおかげだと口をそろえて言っていました。明日の笑顔と健康のためにも、たまにはこんな贅沢なプルーンはいかがでしょう。

LAFAYETTE GOURMET

ラファイエット・グルメ（P143参照）

住所● 35 Boulevard Haussmann 75009 Paris

Le Baulois
ル・ボーロワ

毎年、ラ・ボール（La Baule）に避暑に行くパリジェンヌの友達がいました。そこに美味しいチョコレート・ケーキがあるから今度お土産に買ってくるわとプレゼントされたのがこのお菓子です。彼女が言うには、ラ・ボールには、12kmに及ぶビーチがあり、パリっ子には有名な避暑地として人気だということです。

ラ・ボールはロワール地方の中心都市、ナントから60kmほど海よりに位置する町。その町のパティシエが、1980年代に作ったお菓子だそうです。そのとろけるショコラ生地の美味しさが評判になり、その後、ナント近辺でも評判に。今ではパリでもお目にかかるようになりました。その名も「ル・ボーロワ」。ラ・ボールの（お菓子）とでもいう意味です。

ガトー・クラシック・ショコラと異なるのは、限りなく、フォンダン・ショコラに近い溶けるような口どけと、若干塩味を感じるキャラメル風味、そして、メレンゲをイメージさせる表面のサクサクした食感です。実際、キャラメルのアパレイユは入ってはいないのですが、塩キャラメルを連想させる後味が若干残ります。

ラ・ボールは、美味しい塩を産するゲランドのそばに位置する海岸沿いの町でもあり、そんな町で生まれたお菓子ですから、美味しい有塩バターは必須。かつてゲランドの塩田を訪れたことがありますが、海水は、潮の満ち干きを利用して、低い位置にある塩田へ流されます。その後も、いくつかの区画をめぐるうちに太陽と風によって水分が蒸発し、採塩地に達した時に塩の結晶ができます。そこで、最初に噴き出る塩が、ミネラル分が豊富で味に深みのあるフルール・ド・セル（Fleur de sel）、つまり塩の花ができるのです。ゲランドやラ・ボールは、よくブルターニュ地方と勘違いされがちですが、行政区分上は、ロワール地方。しかし、かつてはブルターニュ公国に属していたため、ガストロノミー的には、ブルターニュとあまり境がありません。

パリのお店でル・ボーロワを買って出ようとしたら、あいにく雨が降ってきたので、急遽、雨宿りしている間の撮影に。このお菓子が大好きという地元出身の店員さんがいい具合に温めてくれ、彼の郷土愛あふれる写真となりました。

PAPA SAPIENS
パパ・サピアン
住所● 32 Rue de Bourgogne 75007 Paris
https://papasapiens.fr/

Gâteau nantais
ガトー・ナンテ

もう5年くらい前になりますでしょうか。ルノートル製菓学校研修ツアーを企画し、生徒さんをお連れして、いざ、コックコートに着替えて教室に入ろうとしたら、背後から「オオモリさん！」と日本語が。振り返ると、そこには、同じくコックコートの女性が。「Aよ。高校で同じクラスだった」と。30年ぶりの再会。すっかりスマートになり、当時の面影もなく、私はしばし混乱。話を聞くと、フランス人と結婚してパリに住んでいるけれど、長年の夢を叶えたくてお菓子の勉強をしているとのこと。今日は私が来ると伝えられていたので、研修のお手伝いをしてくれるというのです。そんな彼女からです。「フランス人の若いパティシエールが日本でお菓子の修業をしたいから、どこかお店を探して」と頼まれたのは。今や、フランス人が日本にお菓子を学びに来る時代になったのだと、ちょっと誇らしく思いました。彼女には、研修先のお店を紹介し、私の教室では講師として故郷のお菓子を作ってもらいました。それが、この「ガトー・ナンテ」。ロワール地方、ナントの伝統菓子で、ラム酒をふんだんに用い、しっとりとしてラム酒の香りが後を引く味です。

しかし、このお菓子にはフランスのある歴史がからんでいます。17～18世紀、奴隷を使った三角貿易でフランスも栄えていた時代、ルイ14世が、ナントからの船によるアンティル諸島への奴隷輸出を決めたことにより、ナントは巨額の富を得ていました。アンティル諸島といえば、さとうきび。さとうきびからできるお酒がラム酒です。このお菓子は、そんな時代背景から作られたお菓子なのです。三角貿易とは、3か所の土地を経由する貿易だからそう呼ばれています。たとえば、フランスのナントから船を出し、アフリカの首長にお金や物を渡して奴隷を買います。その奴隷を今度は、南米などに連れていき、そこでカカオやコーヒー、綿花のプランテーションで働かせ利益を得る方法です。今、私たちが美味しいカカオやコーヒーなどをいただけるのも、そうした時代があったからこそかもしれないし、ヴェルサイユ宮殿ができたのも……。と考えると、歴史は色々複雑ですね。

MAISON GEORGES LARNICOL

メゾン ジョルジュ ラルニコル

住所● 132 Boulevard Saint-Germain 75006 Paris

https://larnicol.com/

Fontainebleau

ニコラ・バルテレミーのフォンテーヌブロー

パリのリヨン駅から電車で南東に向かって約40分、パリより大きなコミューン、フォンテーヌブローに着きます。ここは中世から王侯貴族たちが狩猟に訪れていた広大な森が広がり、歴代の王をはじめとする支配者34人が滞在したというお城、フォンテーヌブロー城があることで知られています。ルイ7世の時代からあったお城は、歴代の王により増築され、そのたびにその時代の建築様式となっており、王妃たちの寝室も残っています。最近では、地元のパティシエ、フレデリック・カッセルさん指揮のもと、この場内でショコラの祭典「インペリアル・ショコラ(Impérial Chocolat)」も開催されています。

この地に、「フォンテーヌブロー」という、ロワール地方の「クレメ・ダンジュー」に似たデザートが伝えられているのをご存じですか？　現地で食べたそれは、ふわっと口の中で溶けていく軽い食感。クリーミーな余韻が長い印象でした。クレメ・ダンジューもそうですが、この手のデザート菓子はフロマジュリ(チーズ専門店)、あるいはレストランのデザートでしか出会うことができません。

このデザート菓子は、13世紀にはすでに存在したと言われています。発祥は諸説あり、その一つは、昔、フォンテーヌブローからパリの病院に馬車でしぼり立ての牛乳を運んでいたら、浮いてきた脂肪分が凝固してしまった。それを見た看護師が、ガーゼでその部分をすくい取って食べたのがきっかけという説。もう一説は、フォンテーヌブローのグランド通りの乳製品を扱う店で初めて作られたという説。いずれにしても今のように空気を混ぜて軽くさせたのは、19世紀以降だそうです。クリーミーな味が印象的だったのは、クレームのみで作っているからだそうで、フレッシュチーズなどを加えていないからとのこと。ある日、このフォンテーヌブローを、パリの「ニコラ・バルテレミー」というチーズ屋さんで見つけました。「フォンテーヌブローで食べたものと同じ味！」とマダムに言ったら「そりゃそうよ。フォンテーヌブローは、私の姪の店だもの」と。あらら、そうでしたか。なんだか気持ちまで軽く、優しくなれるお菓子、マリー・アントワネットも食べていたかもしれませんね。

NICOLE BARTHÉLEMY
ニコラ・バルテレミー
住所● 51 Rue de Grenelle 75007 Paris

Gaufres fourrées

メールのゴーフル・フーレ

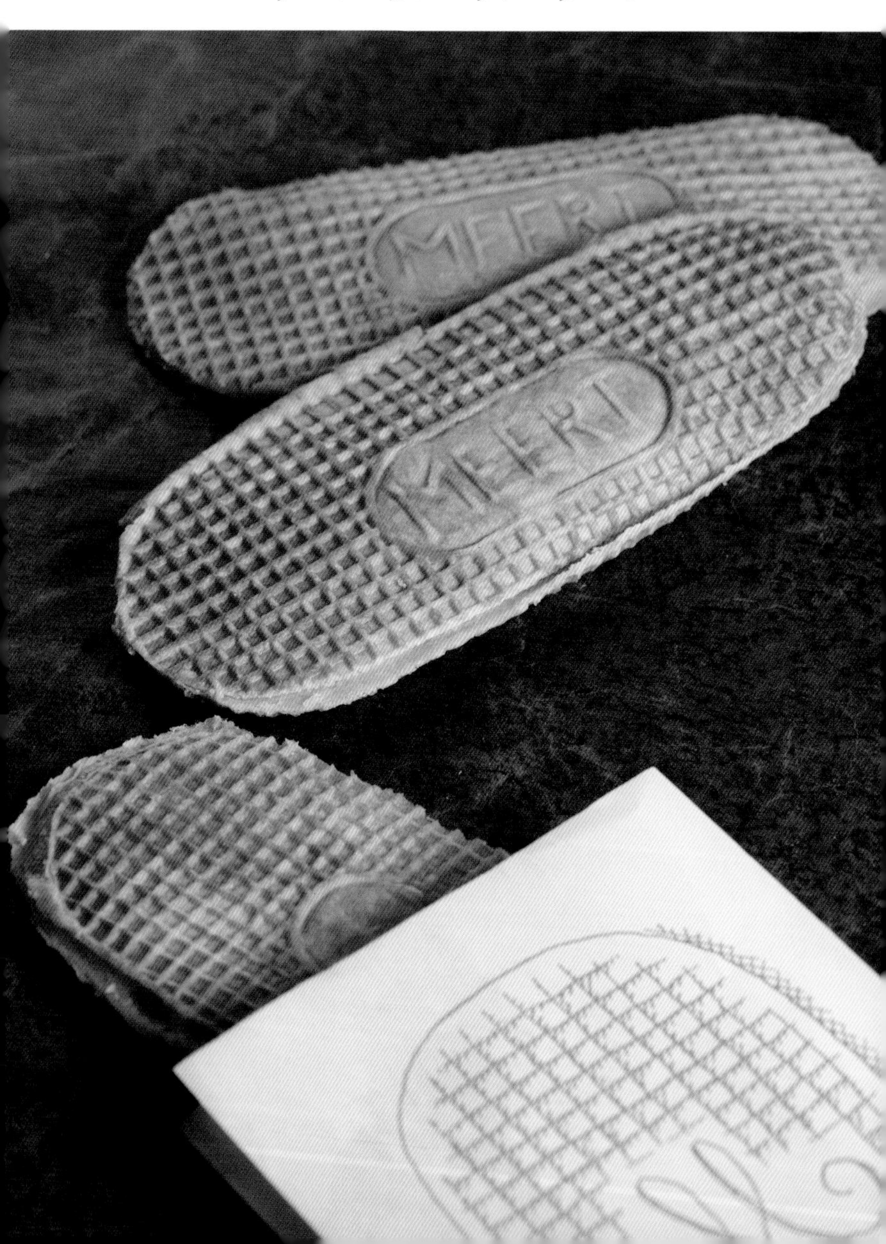

北フランスのベルギーに隣接する町、リールに1849年から続くお菓子屋さん、メール（Méert）がパリにやってきました。以前は、リールでしか買うことができなかった「ゴーフル・フーレ」が、パリでも味わえるのは嬉しいです。

ゴーフルとは、ワッフルのこと。かつて、2枚の鉄板に挟んで焼いていたウーヴリというおやつ菓子を、格子模様の鉄で焼くようになり、発展したと言われています。ベルギーでは、ホテルの朝食に出てくるほどポピュラーな食べ物。フランスでは主に、北フランスで作られていますが、地域によって呼び方とレシピが異なります。私が知るところでは次の3種類です。

日本で一時人気となった、パールシュガー入りのしっかりした食感のワッフルは、ベルギーの町、リエージュの名前が付く「ゴーフル・リエジョワーズ（Gaufres liégeoises）」。また、ベルギーのブリュッセルを中心に作られているゴーフルは、「ゴーフル・ブリュッセル（Gaufres Bruxelles）」と言って、比較的柔らかい生地のゴーフルで、フルーツやクリームを乗せて食べます。そして、今回ご紹介するタイプのゴーフルはベルギーに隣接するリールを中心とした地域で作られている、ゴーフル・フーレ（Gaufres fourées）。フーレとは、中に具を詰めたという意味で、その言葉どおり、中にはクリームが詰まっています。焼けたゴーフルを2枚に切り離し、中にクリームを詰めて、また2枚の生地を閉じて作るのです。クリームは、バターとカソナードを混ぜたものが一般的ですが、メールのものには、マダガスカル産のヴァニラ風味が付いています。

もともとはベルギー人だったメールさんがすでに、コンフィズリーだった店を買い取ってMéertと名前を変えて開業。ゴーフル・フーレをスペシャリテとして売り出したところ評判となり、今では、ヴァニラクリームの他、フランボワーズ、ピスタッチオ、スペキュロス、シトロンなどクリームのヴァリエーションも豊富。日持ちは10日間ということで、日本にも持ち帰れますが、バターを使用しているので、涼しい場所で保存し、なるべく早く食べることをおすすめします。

MÉERT
メール
住所● 16 Rue Elzévir 75003 Paris
https://www.meert.fr/

Anis de Flavigny
アニス・ド・フラヴィニー

2000年に公開された、ジュリエット・ビノッシュが主演の『ショコラ』という映画をご覧になった方もいるでしょう。フランスの田舎町に、よそからやってきた母と娘がショコラティエをオープンするのですが、最初はいぶかしげだった住人たちも、彼女のショコラを口にするごとにだんだん心を開き、幸せになるというストーリー。そのロケ地になったのが、「フランスの美しい村100選」にも登録されている、ブルゴーニュ地方のフラヴィニー・シュール・オズランです。小高い丘の上にあるこの古い町を散策していると、どこからともなくアニスの香りがします。アニスはフランス人が好む香りの一つ。

その香りは、白い小さなボンボンを作っているアトリエから漂ってくるのです。この町では、アニス風味が主体の白い小さなボンボン「アニス・ド・フラヴィニー」を1591年以来変わらぬレシピで生産しています。

アニスは、ブルゴーニュ地方がローマに征服され、アレシアと呼ばれていた頃、ローマ人のフラヴィアンという人物がこの土地にその名前とアニスの種をもたらしたと言われています。その後8世紀初頭、ベネディクト派の修道士たちによってアニス・ド・フラヴィニーの前身となるものが作られていたということです。フランス革命後は、アニス生産は、修道院とその他の生産所に分割され、18軒のアトリエがありました。

第一次大戦後は、修道院のみの生産に統括され、パッケージや販売法も近代的になっていきます。画期的なのは、パリのメトロの自動販売機で、初めてボンボンを売ったということです。現在は、修道院から離れた工場で作られていますが、いくつも並ぶシロップを乾かす大きな銅のボウルが一定の速度で回っている様子は、記憶に残る光景です。糖衣の風味は、レモン、ローズ、カシスなど10種類あります。缶入りは大粒、箱入りは仁丹くらいの大きさです。しかし、どの粒にも、中心にしっかりアニスシードが隠れています。どれも素敵なイラスト入り。この中で一つだけ選ぶとしたら、羊飼いが恋人に、このボンボンを分け与えているほほえましい図の缶でしょうか。一粒一粒に、愛が込められています。

PRINTEMPS DU GOÛT

プランタン・デュ・グー (P145参照)

住所● 64 Boulevard Haussmann 75009 Paris

メーカーのHP● https://www.anis-flavigny.com/

Pastilles Vichy

パスティーユ・ヴィシー

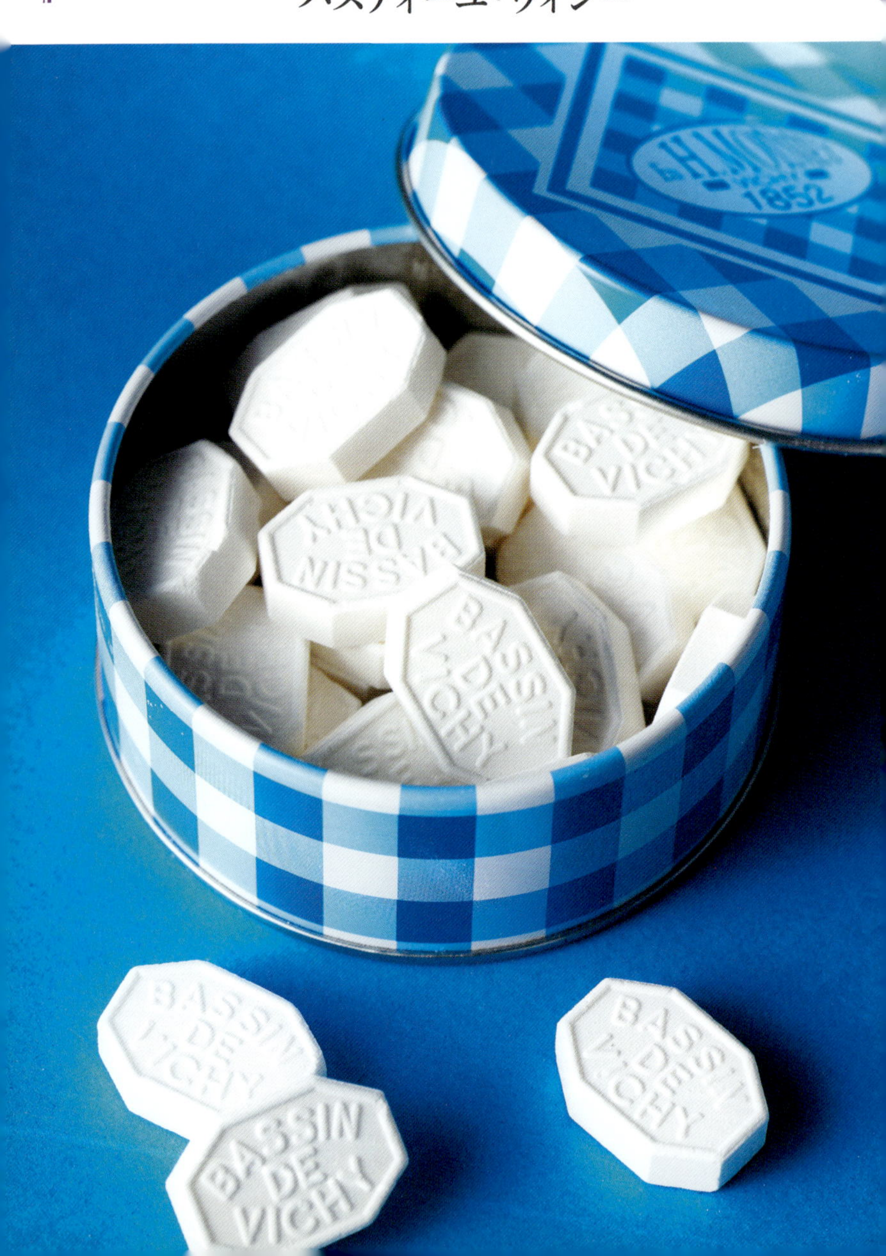

舐めると口の中でほろほろ溶けていく、粉砂糖で作られたこの類の飴をフランス語では、「パスティーユ」と言いますが（砂糖細工のパスティヤージュの仲間ですね）、パスティーユ作りは、19世紀、フランスでおおいに流行したそうです。「パスティーユ・ヴィシー」の発祥は、美味しい水で有名なオーヴェルニュ地方のヴィシーという町。この町は、火山の地層を1万5000年もかけてろ過された水が湧き出る町で、古くからスパリゾートとして有名でした。19世紀、ナポレオン3世が湯治に訪れた際、この町を気に入り、大改造したといいます。その際建てられたカジノやオペラハウス、また、温泉浴場の施設など、アールデコ調の建物が今でも残っています。また、ヴィシーは、語学教育にも力を注いでおり、この町に語学研修で滞在したという日本人も多いのではないでしょうか。

温泉は、30か所くらいから湧き出るのですが、飲料水としての源泉を求めて住民がペットボトルを持ち込むのは、「セレスタン」というかつて修道院があったところです。この建物の内部の蛇口から、誰でも自由に水を飲むことができます。その水は、微発泡で、少し塩味を感じます。この天然炭酸水が、肝臓疾患や消化器系の病気によいということで温泉治療に使用されています。そして、この水からヒントを得て作られたのが、パスティーユ・ヴィシーなのです。水を蒸発させ、豊富なミネラルを含む塩を抽出。それをメントールやアニスで風味付けして飴にしたのです。1914年まで薬局でしか売られていませんでした。ナポレオン3世妃、ウージェニー皇后も大変お気に入りだったそうです。その後、形を八角形にし、登録商標を得て全国的に出回るようになりました。現在では、Moinetというコンフィズリーがその伝統的なパスティーユの生産を引き継いでいて、パリにもお店があります。

このパスティーユが入っている缶の模様は、ギンガムチェックですが、これは、かつて織物産業が栄えたヴィシーで、20世紀初頭考案されたオリジナルのデザインと言われています。ですから、フランス人はこのギンガムチェックの柄を、「ヴィシー」と呼んでいるのです。

CONFISERIE MOINET

コンフィズリー・モネ

住所● 45 Rue Saint-Louis en l'Île 75004 Paris

https://confiserie-moinet.fr/

Bêtises de Cambrai

ベティーズ・ド・カンブレ

カンブレ(Cambrai)は、ベルギーとの国境近くの北フランスの町です。「ベティーズ・ド・カンブレ」は、この町に1830年に生まれたボンボンです。Bêtiseというのは、お馬鹿さんという意味。もともとキャンディーを製造していたアフシャン家の息子エミールは、いつもおばあさんの前で失敗をしては怒られていました。この日も、ボンボンを作ろうとしていて、誤ってミントを生地に混ぜてしまったのです。エミールは、「お前はいつもヘマをするね」とまた怒られたのですが、食べてみたら、これが今まで食べたことのない、美味しい味になっていたということで、このボンボンは「Bêtises de Cambrai(カンブレのお馬鹿さん)」と名付けられたとか。

「タルト・タタン」や、「ペ・ド・ノンヌ」、パイ生地の失敗からお菓子が生まれた話はよくありますね。それらが本当だったかどうかは別として、私たちはそんな話が大好きです。このボンボンの発祥の由来も色々語られてきたそうですが、この名前がついた以上は、他の話は耳に入らなくなったということです(笑)。

ベティーズ・ド・カンブレは、ちょっとおもしろいボンボンです。空気が入っているためか、舐めていても噛みたくなるような歯ごたえ。失敗から生まれたこのボンボンは、たちまち評判になり、人々はマルシェで競って買い求めたといいます。この評判に便乗したデスピノイ(Despinoy)という会社が、同じものを売り始め、元祖はどちらかを争う裁判にまで発展したとか。しかし、アフシャン家は、デスピノイ社より25年も前から作っており、1854年には、会社の入り口にBêtises de Cambraiの文字がすでに彫られていたというのですから、アフシャン家が勝利したのは言うまでもありません。現在は、1年に500トンものベティーズ・ド・カンブレを作っており、その味のヴァリエーションも増え、トレードマークの眼鏡をかけたおばあちゃんの絵の缶入りの他に、かわいいイラストが描かれた箱入りも見つけました。でも、私の机には、以前入手したおばあちゃんの絵入りの缶がいつも置かれていて、「またヘマをしたね」と怒られないように仕事しています。

PRINTEMPS DU GOÛT

プランタン・デュ・グー (P145参照)

住所● 64 Boulevard Haussmann 75009 Paris

メーカーのHP● http://www.betisesdecambrai.fr/

Nonnettes de Dijon

ノネット・ド・ディジョン

20年以上前のこと。娘の幼稚園のバザーに、「パン・デピス」を作ったのですが、ほとんど売れずがっかり。当時は、パン・デピスというものがまだ知られていなかったからでしょうか。今回ご紹介するのは、パン・デピスの一種ではありますが、スパイスは入らず、オレンジで香り付けしたカシスジャム入りのディジョンのパン・デピス。パン・デピスを初めて食べると言う方にもおすすめです。

パン・デピスは、直訳すると「スパイスのパン」という意味です。お菓子ですが、パン。こう呼ばれる所以は、卵やバターを使ったお菓子作りができるようになる前からパン・デピスは存在しており、その材料使いや食感がパンのようだったからだと思われます。もともとは10世紀頃に中国で作られていた、はちみつや香辛料入りのお菓子でした。それをアラブ人が見つけ、持ち帰ります。その後、ヨーロッパで起こった十字軍運動によって、パン・デピスはヨーロッパ各地にもたらされたのです。

パン・デピスを作る地域は今でも数か所にわたっていますが、多くはフランドル地方などの北ヨーロッパです。ディジョンにパン・デピスが伝わったのは、14世紀、フランドル地方の王女がブルゴーニュ公国にお輿入れしたからです。そんなディジョンのパン・デピスを1796年から作り続けているパン・デピス専門店「ミュロ・エ・プティジャン」の、このノネットと呼ばれるお菓子には、カシス以外の風味のジャム入りもありますが、あえてカシスを選んだのは、カシスもディジョンの名産だからです。特にクレーム・ド・カシスというカシスのリキュールを生産しており、これと白ワインを合わせたカクテル、キールは、ディジョンの市長の名前をとってそう名付けられたそうです。

パン・デピスは、バター不使用、はちみつ入りということで、かつては、健康によいお菓子として愛されており、ミュロ・エ・プティジャンで売られていたもともとの形は、正方形でその名も、パヴェ・ド・サンテ(Pavé de santé＝健康パヴェ)と呼ばれていました。が、今も健康に気をつかっている人にはおすすめです。私は、血流をよくするため、シナモン入りのパン・デピスを好んで食べています！

LAFAYETTE GOURMET
ラファイエット・グルメ(P143参照)
住所● 35 Boulevard Haussmann 75009 Paris
メーカーのHP● http://www.mulotpetitjean.fr/

Marrons glacés
アンベールのマロン・グラッセ
Depuis 1920
imbert
Depuis 1920
imbert
Noblesse du Marron en Ardèche

この「マロン・グラッセ」を見つけたのは、以前よく通っていたレ・アールの「ジェ・ドゥトゥ（G.DETOU）」という製菓材料屋さんでした。この店で材料を買うと、キロ単位。要するにプロ、またはセミプロ向けのお店でしたが、近年フランスもお菓子作りブームとなり、昨年秋に久々に出かけたら、一般のお客さんで店内はごった返していました。お店もそんなお客さんを見込んで、クリスマスに贈答用として人気のマロン・グラッセを販売していました。商品を渡してもらう時、店員さんに、「いい？　持ち帰ったら、すぐ冷蔵庫に入れてね！」と念を押されました。

マロン・グラッセの作り手にとっての、そして食べ手にとっての黄金の３つの法則をご存じですか？　それは、①最後に施すグラサージュは、食べた時に感じないくらいに、透けるくらいに薄く。②カットした時に、中までシロップが染み込んで柔らかいこと。③大変デリケートなものなので、保存は冷蔵。10℃から15℃で保存すること、です。

以前、ネットでパリの有名店のマロン・グラッセの食べ比べのサイトを見たことがあるのですが、「甘すぎる」「グラサージュが厚い」というものがほとんど。私もマロン・グラッセはそんなもの、と思っていたのですが、この「アンベール（IMBERT）」のマロン・グラッセは、前述の３つの法則を完璧にクリア。しかも栗のほくほくした食感と味がしっかり印象付けられるものだったのです。

アンベール社は、ギュスターヴ・アンベール氏が、1920年にフランスの南、栗の産地アルディッシュ県で創業。栗を中心にした製菓用材料を生産し、トップシェフたちも好んでここの商品を使用しています。

そもそも、栗は土地が貧しいところでは「パンの木」と呼ばれ、主食同様に食べられていました。それに目を付けた、土地のインフラ整備を担当していた技師が、栗を加工して一つの産業にしたらどうかと提案。いくつかのコンフィズリーに声をかけてマロン・グラッセ作りが始まったそうです。こうして、失業者も減り、栗によって土地が潤ったとか。

マロン・グラッセの包みを開く時のワクワク感は、いくつになっても失われないから不思議です。

G.DETOU
ジェ・ドゥトゥ
住所● 58 Rue Tiquetonne 75002 Paris
メーカーの HP ● http://www.marrons-imbert.com/

Madeleine
プルーストのマドレーヌ

フランスの田舎を歩いていると、自転車などに乗って何日も旅を続けている人に出会います。彼らは、実は巡礼者なのです。目指すのは、スペインのサンチャゴ・デ・コンポステーラという寺院。ここは、ローマ、エルサレムと並んでキリスト教の三大聖地。1000年以上の歴史を持ち、年間10万人ほどがフランスのピレネー山脈を越えてたどり着きます。マドレーヌがなぜ貝殻形になったかという理由に、この巡礼が関係しているという説があります。この寺院には、聖ヤコブという聖人の遺骸が納められているとされており、その聖ヤコブは、漁師出身で帆立の形を家紋としていたということから、信者たちは貝殻を通行証の代わりに首から下げて歩くことになりました。

この過酷な巡礼には、日持ちする食べ物が必要です。マドレーヌは日持ちするため巡礼者たちが持ち歩くようになり、貝殻形になっていったそう。ということで、かつてマドレーヌは、帆立の形が主流だったと想像されます。それを裏付けるのが、20世紀フランス文学を代表するマルセル・プルーストの『失われた時を求めて』という小説の一節です。

「帆立貝のほそいみぞのついた貝殻の型に入れられたように見える、あの小づくりでまるくふとった、プチット・マドレーヌと呼ばれるお菓子」

「あんなに豊満な肉感をもっていたお菓子のあの小さな貝殻の形……」

(『プルースト全集1　失われた時を求めて』井上究一郎訳　筑摩書房)。

今回私が選んだマドレーヌは、そんな解釈に準じて、プルーストの顔が描かれた缶に入った帆立貝の形のマドレーヌ。プルーストの語る「豊満な」という描写のように、ふっくらとしていて美味しそうです。

もともとマドレーヌは、18世紀、ロレーヌ公国を治めていたレクチンスキー公のメイドが作ったものとされ、そのメイドの名前をとってマドレーヌと名付けたということですが、その頃は、このお菓子が貝殻形だったかどうかは定かでありません。しかし、このマドレーヌ、あまりにも美味しかったので、ロレーヌ地方のコメルシーという町のパティシエがレシピを高額で買い取り、その後、コメルシーの銘菓となって、広く知られるようになりました。

LA GRANDE ÉPICERIE DE PARIS

ラ・グラン・デピスリー・ド・パリ(P144参照)
住所● 38 Rue de Sèvres 75007 Paris
メーカーのHP● https://lamadeleinedeproust.fr

Forestines
フォレスティーヌ

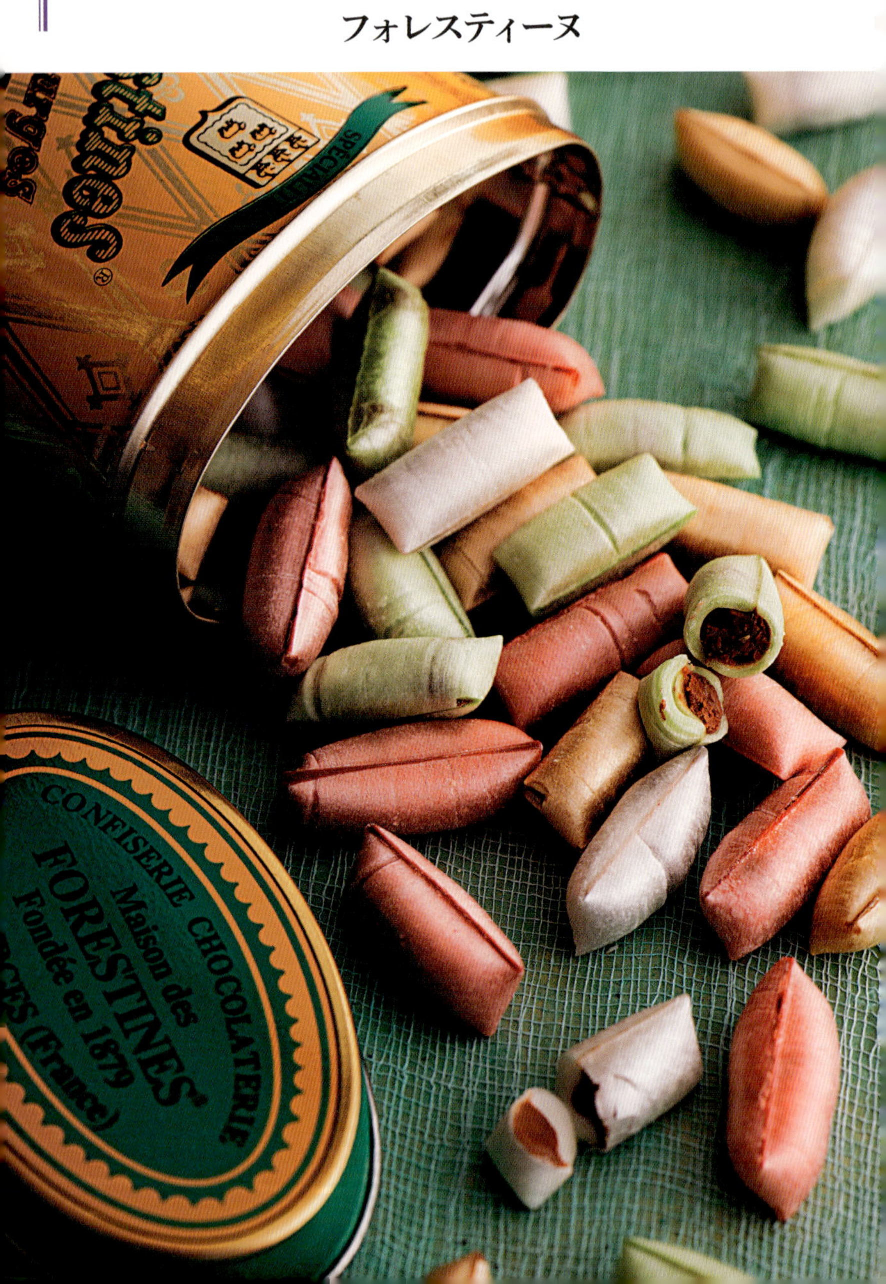

「友人や上司へのお土産にたくさん買っていったんですけど、知らないうちに母親が全部食べてました」と、昨年この店を一緒に訪れた友人が、半分あきれて報告してくれました。老若男女関係なく、食べ始めたら止まらなくなるボンボンが、フランスの真ん中、サントル地方に位置するブールジュという町で1878年から作られている、この「フォレスティーヌ」です。

しかし、昨年訪れた時、お店が以前の構えではなくなっていたので、どうしたのかと店員さんに尋ねたら、なんと、2015年に火事で全て焼けてしまったとのこと。以前の店は、ナポレオン3世時代に建てられた、この町では特に目立つパリ風のオスマン様式で、ジアン陶器の天井がお客を迎えてくれたのでした。

もともと、コンフィズリー職人だったジョルジュ・フォレスト(Georges Forest)が、熱心に研究を重ねてフランスで初めて、飴の中に詰め物をしたボンボンを作りました。そしてそのお菓子、フォレストさんの名前から、フォレスティーヌと名付けられたのです。お菓子の外側を覆っている飴は、サテンのような輝きをもつ引き飴で、リカちゃん人形の枕にもなりそうな愛らしい形。引き飴は、砂糖と水などで飴を作り、それを両手で引いては伸ばすという工程を何回も繰り返すことによって空気を取り込むため、飴の色が少し白っぽくなりキラキラしてきます。この作業をフランス語ではサティナージュ（サテンにする）と呼ぶそうです。中に詰めてあるのは、アーモンドとノワゼットのプラリネとショコラが混ざったもの。飴とプラリネ、ショコラが同時に味わえてしまう贅沢な一粒です。

1896年、お店の経営は、フォレストさんからジョルジュ・タヴェルニエさんに引き継がれ、現在で4代目になるそうです。その後、フォレスティーヌは、国際的な食の品評会で賞を受賞し、今では、フランスの特産遺産の一つに指定されています。この銘菓を守ろうと、町の人たちは、焼失したお店の復活と繁栄を一刻も早く願っています。でも大丈夫、フォレスティーヌは、この極東のおばさんたちをも魅了してしまう、魔法のボンボンですから。

A L'ETOILE D'OR

ア・レトワール・ドール(P145参照)

住所● 30 Rue Pierre Fontaine 75009 Paris

メーカーのHP● https://www.forestines.fr/

Confiture
コンフィチュール・パリジェンヌのジャム

「さあ、ユキコ、今朝のプティ・デジュネには、どれでも好きなコンフィチュール（ジャム）をお持ち」と、私に地下のカーヴを案内してくれたのは、10歳年下のボーイフレンド、ジャン・フランソワのマミー。週末になると私はブルゴーニュのその家を訪れていたのですが、そのたびに、地元の料理やデザートを作ってくれたのが、ジャン・フランソワのおばあちゃん。お料理には、友人のぶどう畑からワインを譲ってもらい、それを使っていましたが、コンフィチュールだけは、毎年庭で採れる果物で作り、瓶に作った年を記したシールを貼ってカーヴに保存しておくのです。

今回ご紹介するコンフィチュール・パリジェンヌは、ナデージュとロウラという二人の女性の情熱によって2015年に作られたメゾンです。彼女たちは、現在、スーパーなどで販売されている商業的なコンフィチュールの内容や味に満足できなかったと言います。フランス人にとってコンフィチュールは子供時代の思い出の味。どうしたらそんなコンフィチュールを見つけることができるのか、いやできないのであれば自分たちで作ってしまおう、と始めたのが、きっかけだそうです。かつて田舎でママンたちが作っていた自然な味のコンフィチュールを誠実に作ろうと決心。パリのリヨン駅近くのアルティザンギャラリーのアトリエでは、パリ中で販売する全てのコンフィチュールを作ります。ナデージュのお父さんも作業着で製作に参加。最初は、自ら車で知り合いのシェフやお店に売り歩いていたとのことですが、その美味しさが評判になり、今では、有名デパート各店でも購入できるようになりました。

ここのコンフィチュールは、これまでに体験したことのないユニークな素材の組み合わせ。たとえば、写真は、「フランボワーズ フルーリ（Framboise Fleurie）」とありますが、これはフランボワーズにゼラニウムを混ぜたもの。フランボワーズの酸味と風味をゼラニウムの個性がさらに引き出してくれます。フランスでのコンフィチュールの定義は、糖分55％以上なのですが、甘さより素材の味が際立つ、洗練された製法。値段はちょっと張りますが、今や味にうるさいパリっ子に大人気です。

CONFITURE PARISIENNE

コンフィチュール・パリジェンヌ

住所● 17 Avenue Daumesnil 75012 Paris

https://www.confiture-parisienne.com/

Boîte de biscuits en metal

ル・プティ・デュックのビスキュイ缶

日本でも有名な占星術師、ノストラダムスには、医師、詩人、料理研究家という他の肩書もあるのですが、そのノストラダムスが生まれた南仏の町、サン・レミ・ド・プロヴァンスに「ル・プティ・デュック」という店があります。10年ほど前に、ここを訪れたことがあるのですが、それほど広いともいえない店内には、数種類のクッキーと、コンフィズリーがところ狭しと並べられていました。

バターを生産しない南仏で、形が異なるたくさんのクッキーに出会うのは珍しい上、三角、ハート、花、月と、形もワクワクする楽しさ。さらに驚いたのは、古い文献のレシピに基づいて作られているということ。昔は、それほど贅沢な材料は使えませんし、南仏ですから、バターも豊富ではなかったはず。サクサク、ほろほろのクッキーというより、しっかり噛み応えのある、スパイスやはちみつといった自然の味を感じさせるクッキーに仕上がっています。これらの独特のクッキーたちが忘れられず、もう一度この店を訪れたいと思っていたところ、パリに「ル・プティ・デュック」がオープンしたのです。

中でもおすすめは、写真中央の三角形のクッキー「トリアングル(Triangles)」。見た目は「フロランタン」ですが、それよりはるかに薄く、生地とはちみつの甘さとアーモンドの香りが一瞬にして口の中に広がります。また「トレフル(Trèfle)」という四つ葉形は、南仏の甘口ワイン、ミュスカをほのかに感じさせる味。箱の手前、左にあるハート形は「クール・ドゥ・プティ・アルベール(Coeurs du Petit Albert)」で、サフラン風味。お菓子の香り付けとして、18世紀にヴァニラが登場するまではサフランを使っていた、その名残りのレシピですが、サフラン風味のこのクッキーには、赤い実のフルーツのお茶が合います。また、白いグラサージュを施した長方形のクッキーは、バターも卵も小麦粉も入っていない「デジレ(Désirés)」というアーモンドクッキーです。これは既成概念を取り去っていただきましょう。気になるクッキーは1種類ずつでも購入できます。缶ケース入りは「ラ・グラン・デピスリー・ド・パリ」(P144)などでも販売していました。

LE PETIT DUC
ル・プティ・デュック
住所● 31 Avenue Rapp 75007 Paris
http://www.petit-duc.com/

Rousquilles
ルスキーユ

州都バルセロナを中心としたスペインのカタルーニャ地方の独立宣言が一時話題になりましたが、その後状況はどうなったのでしょう。カタルーニャ地方は、フランス・バスクやコルシカ地方と同様に、独自の歴史、伝統、習慣、言語を持っているため、どこの国にも属さないという人々の思いが強いのです。

スペイン国境に近い地中海沿岸の地域、ルシヨン地方も、古くはカタルーニャ君主国に属していました。ですから、この地域を旅すると、カタルーニャ時代の名残りのお菓子やお土産に出会います。その一つがこの「ルスキーユ」です。しかし、時を経て、フランス側とスペイン側で作るルスキーユは少しずつ変わっていきました。スペインのそれは、揚げ菓子であったり、焼いてあってもナパージュがかかっているものだったりするそうです。18世紀のスペイン王妃が、スペイン側のルスキーユを食べて、「フランスで食べたルスキーユのように、もう少し柔らかく、そしてもっと甘くして」と要求したとか。フランスのルシヨン地方で作られていたルスキーユ（写真左）は、さくっとしたビスキュイに厚めのレモン風味の卵白で作ったグラサージュがかかっています。もともとこのお菓子は、中世にはすでに作られており、籠を下げた売り子がルスキーユのグラサージュを乾かしながら、町で売り歩いていたそうです。

私がルスキーユと初めて出会ったのは、地中海沿岸のコリウールという美しい港町でした。このお菓子はパティシエが作るものではなく、工場産のものがほとんどですが、軽やかな食感のビスキュイと、ほんのりレモンが香るサクサクのグラサージュの相性がぴったり。それを頬張りながら眺めた、南仏の美しい夕焼けを今でも思い出すことができます。ルスキーユの箱をかかえてホテルに戻ると、レセプションのムッシューが、「これはバニュルスによく合うよ」と言って、やおらワイングラスを差し出し、この地域で有名な甘口の赤ワイン、バニュルスを注いでくれたのでした。フランスの地方でお菓子をご馳走になると、しばしば、その土地のワインを出してくれます。地方菓子とワインのマリアージュもぜひ試してみてください。

LAFAYETTE GOURMET
ラファイエット・グルメ（P143参照）
住所● 35 Boulevard Haussmann 75009 Paris
メーカーのHP● https://www.refletsdefrance.fr/

Praluline

プラリュのプラリュリーヌ

「プラリュ」は、個人客用のショコラも販売する人気店で、毎年行われる「サロン・デュ・ショコラ」にも出店していますが、もともとは、材料のクーヴェルチュールを製造していた会社です。以前は、パティシエやショコラティエ、特にピエール・エルメさんから絶大な信頼を得ていたクーヴェルチュールでしたが、今や自社のクーヴェルチュールをショコラの製品にしてブティックを構え、個人客に販売するようになりました。

クーヴェルチュールの他に、プラリュにはもう一つ自慢のコンフィズリーがあります。それは、「プラリーヌ・ローズ（Pralines roses）」と呼ばれるピンクのプラリーヌです。ピンクのプラリーヌは、リヨンからサヴォワにかけて、地元の名産としてお菓子に使われます。プラリーヌといえば、アーモンドに砂糖がけをしたもの。しかし、ピンクのプラリーヌは想像を超える大きさ。しかも、噛んでも噛み切れる固さではありません。

その固さの謎をつきとめるべく、プラリュ社のアトリエを訪れたことがあります。リヨン近郊のロアンヌという町にあるそのアトリエを訪れた時に、まず目に飛び込んできたのは、カカオを生産する国々から送られてくるカカオ豆の麻袋の山でした。その後、プラリュさんに案内されて進んでいくと、奥の部屋にピンクのプラリーヌの製造機がありました。それは、回転させながら、糖液をアーモンドにかける機械です。当然その糖液は赤く、一度かけたら冷まし、再びかける、ということを7回繰り返していたのです。あの歯のたたないくらい固い、砂糖の厚さはこうしてできるものだったのです。

ピンクのプラリーヌは砕いて、生地などに散らして使用するのが一般的で、有名なのは、「ブリオッシュ・サン・ジュニ（Brioche St.Genix）」という、そのプラリーヌを生地に散らして焼くブリオッシュ菓子です。この「プラリュリーヌ」も、ブリオッシュ・サン・ジュニの兄弟のようなパン菓子。でも製造元が作っているだけあって、プラリーヌの量はサン・ジュニに勝ります。そして、その糖分のせいか、翌日もしっとり美味しくいただくことができ、ブリオッシュと言われなければわからないほど、リッチな食感に仕上がっています。

PRALUS
プラリュ
住所● 44 Rue Cler 75007 Paris
https://www.chocolats-pralus.com/

Niflettes

デュ・パン・エ・デ・ジデのニフレット

パリで珍しいお菓子を見つけました。これは、フィユタージュ生地にオレンジの花の水が香るクレーム・パティシエールを乗せて焼いたお菓子ですが、なぜ珍しいかというと、まずこれは、パリから郊外線に乗って東南の方向に1時間余り行ったプロヴァン（Provins）という町でしか見つけることができないということ。そして、プロヴァンでも、11月1日のトゥーサン（Toussant）＝諸聖人の日の時期にしか作らないのです。

そんなニフレットを、「デュ・パン・エ・デ・ジ デ（Du Pain et des Idées）」というブーランジェで見つけました。店主のクリストフ・ヴァスールさんは、パリではあまり知られていない地方のお菓子を、それもトゥーサンの時だけでなく、日常に楽しんでもらえるお菓子として紹介したかったのだそうです。この店には、いわゆるバゲットはなく、素材にこだわり、天然酵母を使って昔の製法で作る大きなパンが主体ですが、そんなごろごろのパンに囲まれながら、ショーケースに鎮座するニフレットたちは、それだけで目を引きます。

ニフレットに目を付けたヴァスールさんの経歴がまた興味深いです。彼は、実は最初からブーランジェではありませんでした。幼い頃からパン屋さんにあこがれていたのですが、両親の反対で一度はモード界で働いていました。が、やはりどうしてもブーランジェになりたくて、修業し独立。するとたちまち彼のパンはパリで評判になり、そのうち世間でもパリ一のブーランジェという評判が立ち、空港からこの店に直接パンを買いに来るお客さんも珍しくないといいます。近い将来、パンの学校も設立し、美味しくて身体によいパンを世界中の人に食べてもらいたいと、ヴァスールさんは、彼の人生でパンを作っていなかった時期を取り戻そうとしているかのように、その情熱は人一倍。

ニフレットという名前の由来は、ラテン語のne fleteという言葉で、「泣かないでね」という意味です。17世紀頃に作り始められたというこのお菓子は、当時少なくなかった孤児たちに「泣かないで」と言って分け与えられていたところから、その名が付いたのだそうです。

DU PAIN ET DES IDÉES

デュ・パン・エ・デジデ

住所● 34 Rue Yves Toudic 75010 Paris

http://dupainetdesidees.com/

Petits macarons de Joyeuse
プティ・マカロン・ド・ジョワイユーズ

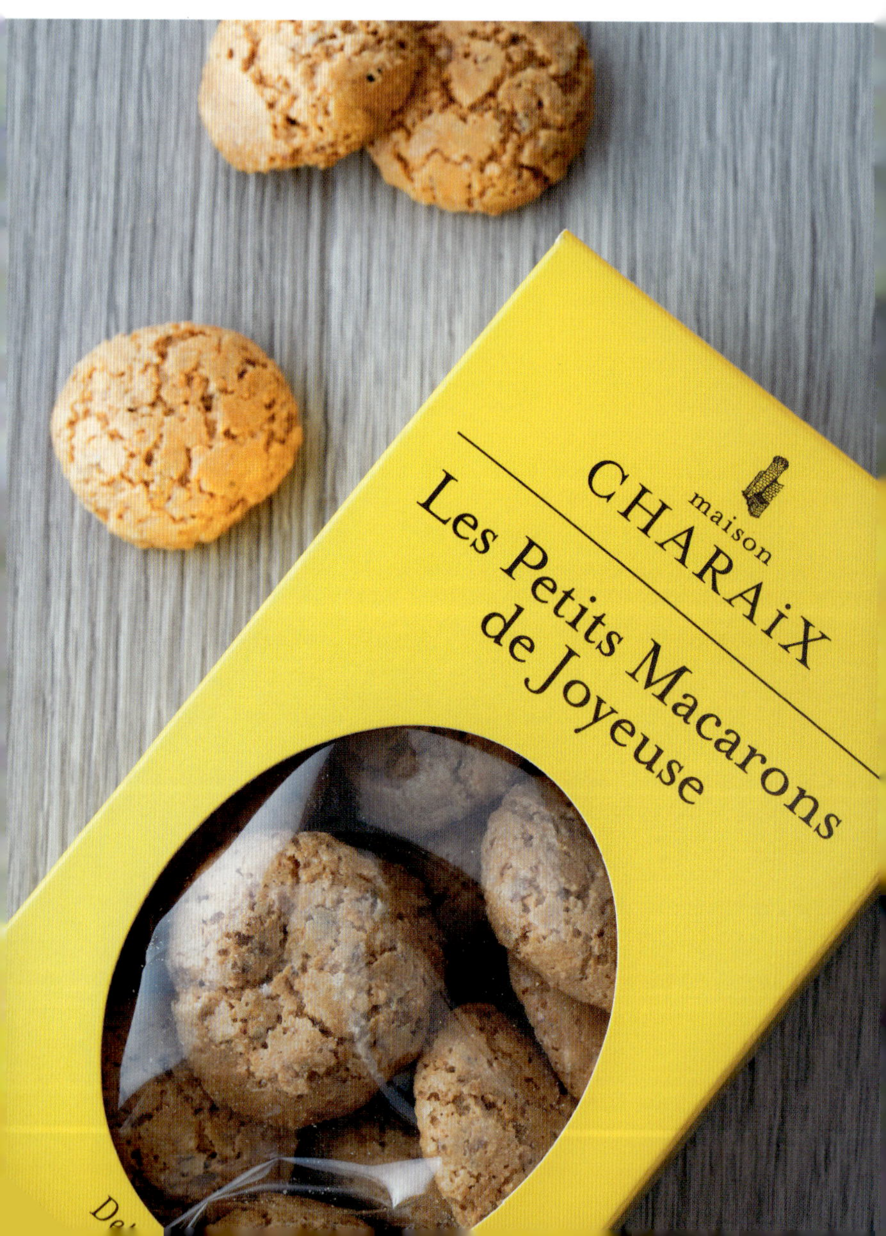
maison
CHARAiX
Les Petits Macarons
de Joyeuse

マカロンといえば、クリームが挟んである赤や黄色のカラフルなマカロンが主流ですが、30年前、フランスで作られていたマカロンは、クリームもなく、焼きっぱなしをそのまま二つくっつけたものでした。当時は天板に紙を敷いて、マカロン生地を絞り、焼き上がったら、紙と天板の間に水を流してすぐマカロンをはがして、素早く二つのマカロンをくっつけていたのです。それがこの30年の間、そのヴァリエーションや作り方は著しく進化しました。

しかし、上記の製法による二つ一組みのマカロンは、パリのマカロンと呼ばれるもので、本来は、素朴なアーモンド菓子なのです。実際、フランスの地方に行くと、修道院で作られていたロレーヌ地方、ナンシーのマカロン、フランス最古のマカロンと言われているアミアンのマカロン、修道士のおへそをイメージして作られたと言われるリング形のコルムリーのマカロン、昔は赤ワインを入れて作っていたと言われているサンテミリオンのマカロン、また、名前が知られていなくても、地方の村で作り継がれているマカロンもあることでしょう。それほどマカロンはフランス人にとってポピュラーなお菓子なのですが、もともとは、イタリアが起源。16世紀、イタリアからカトリーヌ・ド・メディシスがフランスにお輿入れした時に伝えたと言われています。

そんな地方のマカロンで、パリでも手に入るのがこちら、フランス南西部のローヌ・アルプ地方、アルディッシュ県のジョワイユーズのマカロン。1581年、当時の王でカトリーヌ・ド・メディシスの息子、アンリ3世のお気に入りだったジョワイユーズ公の結婚式に、カトリーヌ・ド・メディシスが自国のマカロンをご馳走したところ、公は大変気に入り、故郷のジョワイユーズに持ち帰って作らせたと言われています。温暖なアルディッシュは、アーモンドの木の生育に適しており、アーモンドを大量に使用するマカロン作りにはもってこいの土地だったのです。最初の一口はカリッと、その後はほろほろと崩れるこのマカロンは、南アルディッシュのさらっとした風と心地よい太陽を運んでくれます。

LA GRANDE ÉPICERIE DE PARIS
ラ・グラン・デピスリー・ド・パリ(P144参照)
住所● 38 Rue de Sèvres 75007 Paris
メーカーのHP● http://www.maisoncharaix.com/

Vanille de Tahiti
タヒチのヴァニラ

ヴァニラといえば、一般的に出回っているのは、マダガスカル、レユニオン島（17世紀半ばと18世紀の一時期、ブルボン島と呼ばれた）、タヒチのものですが、現在、タヒチ産のものに注目が集まっているのは、ヴァニラのサヤが長く、大きく、香りも力強くかつ、ふくよかと言われているからです。

タヒチには、タヒチ島、モーレア島、タハア島、ライアテア島にヴァニラ農園があります。中でも品質のよいヴァニラを生産するのは、ポリネシア人にとって文明の発祥であり、最も神聖な島であるライアテア島。その島のヴァニラ農園を訪ねてみたことがあるのですが、意外だったのは湿地帯にあり、標高が比較的高いところにあるということです。そして、その栽培法を聞くと、かなりの人の手が必要ということがわかりました。まず、7～10月に、手作業で1日1000ほどのヴァニラの花を受粉させます。受粉から9か月くらいするとサヤが緑になり、その後こげ茶色になったら収穫時期。収穫後は毎日3～4時間、1か月ほど陽に干しますが、ゆっくり乾燥させることで香り成分が十分に成熟するため、他の国のヴァニラに比べて、フレーバーがより深いものになるのです。その後、さらに香りをひらかせるように、乾燥させたサヤを手で端から端まで丁寧に、一つひとつマッサージします。最後は40日間、陽の当たらないところに置き、風に当てて湿気を取り、出荷されるのです。これほど手をかけたタヒチヴァニラ、高価な所以がわかりました。

最近は、ヴァニラが高騰し、なかなか手に入らないという声も聞きます。タヒチヴァニラもしかり。1年中温暖なタヒチですが、天候不順によって、収穫量に影響が出てしまうからです。

このタヒチヴァニラは、マレ地区にあるエピスリー、「イズラエル」で購入。パリに住んでいた頃、よく通っていたお店でもありますが、プロ御用達の店でもあります。久々に訪れたら、店主とそのマダムもまだまだお元気。しかし、缶詰、瓶詰、スパイスありとあらゆる食品がところ狭しと置かれ、胡椒だけでも80種類！　すぐには出られない店です。

IZRAËL
イズラエル
住所● 30 Rue François-Miron 75004 Paris

Eau de fleur d’oranger

オレンジの花の水

フランスでお菓子の香り付けに最初に使用されたのが、このオレンジの花の水です。水、といわれる所以(ゆえん)は、エッセンスでもリキュールでもなく、オレンジの花を大量の水で沸かして出た水蒸気を集めて冷やしただけなので、そう呼ばれています。原産地は、チュニジアなどの北アフリカ。千年ほど前から使われているそうです。気分を落ち着かせたい時、眠れない時、頭が痛い時、暑くてふらふらする時に飲むのだそう。作り方はいたって簡単なので、現地の人は、オレンジの花がつく季節になると、朝早くつぼみを集めて煮て、蒸留させた水を冷やして瓶に入れ、各家庭で保存しておきます。それをお菓子の香り付けだけでなく、スキンケアや、胃腸が弱っている時の薬用としても飲むそうです。

フランスでも赤ちゃんの肌に付けたり、収れん性があるので、ニキビ肌や吹き出物にも効くスキンケア商品として売られていますが、それらは食用とは異なる成分が入っているので、お菓子作りには使えません。最近は、ピエール・エルメさんが「ロクシタン」とのコラボで、フルーツの香りを配合した香水を何種類か発表しましたが、おすすめを聞いたら"オレンジの花の水の香り"と答えてくれました。

オレンジの花の水は、フランスの地方のお菓子によく使われますが、特に南仏のお菓子やブリオッシュに入っていることが多いです。小舟の形をしたマルセイユの「ナヴェット」、南西部の「ベニエ」、クリスマスに食べる「ブリオッシュ」、「ポンプ・ア・ルイユ」など。また、コルシカの代表的なチーズのお菓子「フィアドーヌ」からも香ります。

さて、その香りはというと、実はオレンジの花からは想像できない、ちょっとむせるような香りがします。お菓子や料理に使用する量は少しで十分。以前チュニジア土産にオレンジ、バラ、ゼラニウムの花の水をもらったのですが、バラとゼラニウムは、それぞれの花の香りが心地よかったです。オレンジの花の水は、他の素材と混ぜてこそ、その香りが発揮できるものだと実感。しかし、その香りにいったん慣れると、入るべきお菓子に入っていないと物足りなく感じるのです。

LAFAYETTE GOURMET
ラファイエット・グルメ(P143参照)
住所● 35 Boulevard Haussmann 75009 Paris
メーカーのHP● https://www.terreexotique.fr/

Fruits confits
フローリアンのフルーツの砂糖漬け

多くのお菓子には、フルーツの砂糖漬けが欠かせません。特に南仏のスイーツには必需品で、エピファニー（公現祭）にいただく、プロヴァンスのブリオッシュ生地の「ガレット・デ・ロワ」、ノエルの「トレーズ・デセール」、ケーク、タルトと至るところにフルーツの砂糖漬けが活躍します。

砂糖漬けは、フルーツを保存する一つの方法ですが、砂糖がなかったその昔、ローマ時代は、はちみつにフルーツを漬けていたといいます。プロヴァンスでは、14世紀頃に砂糖を使ってフルーツを保存し、それをローマ法王に献上していたという記録があるそうです。砂糖が手に入ってこその砂糖漬け。その砂糖を作る原料は、さとうきびです。原産はインドネシアあたりだと言われており、さとうきびがヨーロッパに広まったのは、以下の理由によります。7世紀に生まれたイスラム教は、インドやインドネシア、中国にまで広まり、インドネシア産のさとうきびをヨーロッパに持ち込み、イタリアやスペインでもさとうきび栽培を行うようになりました。その後、アラブ勢力が衰退すると、さとうきび栽培も影を潜めますが、キリスト教諸国が、イスラム教徒に奪われた聖地エルサレム奪回のための十字軍派遣により、さとうきびの栽培と製糖の技術がヨーロッパにもたらされました。

プロヴァンスでは、メロンやスイカ、いちご、チェリー、洋ナシと季節によって色とりどりのフルーツを砂糖漬けにします。写真はニースのコンフィズリー「フローリアン」で製造された、ヴァンス産のクレマンティーヌ。小ぶりのみかんの砂糖漬けです。フルーツの砂糖漬けは、砂糖の糖度を変えながら、10日間くらいシロップに漬けて完成させますが、製菓用のものと、そのまま食べる、または贈答用にするものは、最後の処理の仕方が違います。製菓用のものは、水分を除いただけ。そのまま供するものは、周囲をグラッセさせて、中を柔らかく保ち、外側に歯ごたえのある状態にして出荷します。

お菓子を作る人ならば、フルーツの砂糖漬けは常備しておきたいもの。しかも、南仏産の美しい色合いのフリュイ・コンフィは、お菓子を数倍にも引き立たせてくれます。

LAFAYETTE GOURMET

ラファイエット・グルメ(P143参照)
住所● 35 Boulevard Haussmann 75009 Paris
メーカーのHP● https://www.confiserieflorian.com/

Angelique
アンジェリックのアンジェリカ

ヴェルサイユは、宮殿が建てられる前は湿地帯が広がっていただけということですが、現在、パリでも人気の界隈であるマレ地区も、昔は湿地帯でした。ル・マレ（Le Marais）という地名こそが、湿地、または沼地そのものを表した言葉です。フランスは、意外と湿地帯や沼地が多く、そんな地質だからこそ育つ植物が、お菓子を飾るようになりました。「アンジェリカ」です。

アンジェリカは、ポワトゥー・シャラント地方のマレ・ポワトヴァンという沼地に位置する町、ニオールの特産です。ふきに似た植物で、砂糖漬けにします。フランスで本物のアンジェリカを探すのは一苦労。なぜかと言うと、その土地のみでしか生産していないのと、生産者自体が減っているからなのだそうです。アンジェリカは、お菓子のデコレーションに使うものとばかり思っていましたが、現地では、そのまま食べるのが一般的。また、砂糖漬けアンジェリカを使って、カエルや亀などにかたどって細工したり、リキュールも作ります。細工物はプレゼントとして人気があるそうです。

アンジェリカは、フランス語でアンジェリック。美しいひびきを持つこの植物は、12世紀にスカンジナビア半島で栽培されていたそうですが、それがヨーロッパに伝わり、主に修道院で栽培されていました。ペストが流行した時代には、その治療薬として食べられていたそうです。アンジェリックという名前は、その恐ろしい疫病を治してくれるアンジェ（天使）のようなもの、ということでそう名付けられたという説もあります。

これをパリで日本人として1980年、初めてパティスリーを開いた、千葉好男さんのお店「アンジェリック」で見つけました。

今でも週末ともなればティーサロンは満席。以前から私がお気に入りの「ヴィニョン」という四角のレーズンウィッチも健在です。千葉夫妻は、数年前にフランス国籍を取得。奥様のフランス名は、アンジェリックだそうです。奥様の名前が先か、アンジェリックを売り出したのが先か、はたまたお店の名前が先だったのか……。それを聞くのを口実に、また再訪したいです。

ANGELIQUE
アンジェリック
住所● 28 Rue Vignon 75009 Paris
http://www.angelique-chiba.com/

フランス菓子だけではない
多国籍なパリ・スイーツ

30年以上前にパリを最初に訪れた時、びっくりしたのは、シャンゼリゼを歩く人の髪の色が茶、ブロンド、黒とさまざまだったこと。日本では、どこに行っても黒い髪の人しかいなかった時代でしたから。それほど多種多様な人種が集まってくるパリ。しかし、お菓子に関しては、意外にそうではなかったのです。今は、少しずつですが、他国のお菓子も味わえるようになりました。

アラブのお菓子

最初にご紹介したいのは、アラブ菓子です。なぜなら、世界のお菓子を語るには、アラブ菓子を抜きにしては語れないからです。今私たちが口にするほとんどのお菓子の起源は、アラブが発祥と伝えられています。

アラブといわれる地域は、アラビア語を公用語とし、1945年以降は、アラブ連盟参加国に名前を連ねる22の国です。その地域で起こったメソポタミア文明、エジプト文明では食文化が発展しました。紀元前4000年頃エジプトでは、すでに無発酵パンやビール酵母によるパンが作られています。そして紀元前2700年には、はちみつや果物を使用した甘い食べ物が存在し、生地も作られていたといいます。薄い生地にバターやオイルを塗って重ねて作る「バクラヴァ(Baklava)」と呼ばれる現在のアラブ菓子の原型が作られていたのです。その生地がのちに、ギリシャに伝わり、「フィロ」という名前になったとされています。中世になるとアラブ勢力はスペインや南仏にも及び、その際、このフィロ生地がその地方に伝播しました。フランス南西部の伝統菓子に「クルスタッド・オ・ポム」という、フィロ生地を重ねて中にアーモンドクリームとりんごを入れて焼くお菓子がありますが、それはアラブ人が伝えたと言われています。

また右ページの写真にも半月形の白いクッキーがありますが、これは「コルヌ・ド・ガゼル(Cornes de gazelle)」という名前で、南仏の内陸部でたまに見かけます。

その後、アラブのお菓子自体も他国の影響を受けます。シルクロード交易によって、ごまやナッツなどがアラブに伝わったからですが、そん

異国のお菓子と言っても、アラブのそれはいわばヨーロッパ菓子の源流。プティフールのような見た目も、素材も、味も違和感がない。白い半月形は南仏の「コルヌ・ド・ガゼル」とそっくり。三角形のものは、生地にピスタッチオを挟んで重石をして層にしたもので糖衣が施されている。アーモンドや松の実などナッツ類を多用するのも特徴。

PÂTISSERIE MASMOUDI
パティスリー・マスムウディ
106 Boulevard Saint-Germain 75006 Paris
https://www.patisseriemasmoudi.fr/

な他国の素材も取り入れながら、アラブ菓子は現在の形となっていくのです。

写真のお菓子を購入した「パティスリー・マスムウディ」は、チュニジア発のお菓子屋さんですが、大変洗練されていて圧倒的な種類を誇ります。パリではその他、マレ地区やカルチェ・ラタンあたりでもアラブ菓子のお店を見つけることができますが、こんなふうにパリでアラブ菓子を食べられるのは、アラブからの移民が広めたからでしょう。反対に、フランスへの人の移動がない国の食文化は、パリには根付きません。たとえば、スペインやイタリア菓子を、パリでほとんど見たことがありません。

人気のパスティス・デ・ナタ。生地は巻いて薄くカットしてからタルト型に敷き、アパレイユがゆるいので高温のオーブンで一気に焼くなど、シンプルに見えるが、家庭で作るのは難しい。あくまでパティスリーやカフェのお菓子。

PASTELARIA BELEM
パステラリア・ベレン
47 Rue Boursalt 75017 Paris

パリっ子を魅了する ポルトガルのエッグ・タルト

しかし最近はポルトガルの、とあるお菓子がパリで人気です。日本ではエッグ・タルトと呼ばれている「パスティス・デ・ナタ（Pastéis de nata）」です。シンプルな折りパイ生地に柔らかいクレーム・パティシエール状のものを詰めて作るこのお菓子が、パリっ子たちの心を奪うのに、さほど時間はかからなかったことでしょう。フランスの国民的菓子とも呼ばれる「フラン（Flan）」によく似ているからです。このお菓子は、もともとポルトガルの修道院で作られており、かつては王侯貴族への贈り物とされていたそうです。しかし、18世紀、政府による修道院の財政引き締めにより、金銭的に厳しくなり、庶民に売るようになったことから世の中に出回るようになったとか。中でも、リスボンのジェロニモス修道院の近くにある「パステラリア・パスティス・デ・ベレン」は、ポルトガル一のナタが食べられると評判ですが、パリにも「PASTELARIA BELEM」の店名を冠するところがあって、ナタがパリ一美味しいと評判。訪れてみてはいかがでしょう。

唯一無二のウィーン菓子店

ところで、もし、パリでウィーン菓子を食べたいと思ったら、お店の選択肢はほとんどないと思ってよいです。ただただ、この店を目指してください。パリ第5大学のそばにある「パティスリー・ヴィエノワーズ」。1928年、ハンガリー人が創業したそうです。落ち着いた店内は、東欧のどこかの街のカフェを思わせるたたずまい。それは、移りゆくパリの中で、何年経っても変わっていません。学生街にあり、ボリュームがあって手ごろな値段で、お菓子が食べられるとなれば、常連の若者も少なくありません。そんな彼らが何年後かにここを訪れたら、馴染みの席に若い頃の自分を見出すことでしょう。写真のお菓子は、「フラニ・ポム（Flanni Pomme）」という名前で、けしの実入り生地に煮りんごが挟んであります。その他、ウィーン菓子の代名詞ザッハトルテやアプフェルシュトルーデルなどもいただけます。

カフェ併設のクラシカルなウィーン菓子専門店。けしの実をふんだんに使うのも特徴。お菓子は大きくに焼いてカットする方法が多い。

PÂTISSERIE VIENNOISE
パティスリー・ヴィエノワーズ
8 Rue de l'École de Médecine 75005 Paris

季節ごとに、フレンチエスプリを取り入れたお菓子を開発しているパリの虎屋。日本では味わえない限定菓子も楽しみ。フランス人パティシエも新しいお菓子のヒントを求めて訪れるという。

TORAYA PARIS
とらや パリ店
10 Rue Saint-Florentin 75001 Paris

和菓子にも注目が

そして最後に、日本ブームの後押しもあり、和菓子にもフランス人の注目が集まっていることをお伝えしたいと思います。久しぶりにパリの「とらや」を訪れたら、ティーサロンのお客さんの3分の2はフランス人で埋め尽くされていました。餡を好むフランス人がいることに感動。とらやは1980年にフランスに和菓子文化を広めるという心意気で進出しました。しかし、当時は「和菓子はただ甘いだけ」と言うフランス人も多く、そんなフランス人向けに洋と和を融合させた商品を開発することも余儀なくされていたようです。しかし、お店の努力も実り、30年以上経った今、和菓子はしっかりとフランスに根付き始めています。今回いただいたのは、焼りんご羊羹、カルヴァドスの香りがする和菓子です。その他、いちじく、アプリコット、ポワールキャラメル、レッドベリーそれぞれの風味の羊羹、餡ブッションと言って、ワインのコルクをかたどったフルーツ入り小倉餡菓子なども、パリ店のオリジナル商品。1月限定ですが自家製の小倉餡とポワラーヌ社のノワゼットペーストが入った特製ガレット・デ・ロワもあるそうです。日本にはない、とらやのお菓子も魅力的です。

パリ・デパート食品フロア事情

スイーツ充実、お気に入りの紅茶やコーヒーも

日本のデパートの食品売り場は、通称デパチカといわれるようにフロアが地下階にありますが、パリのそれは、地下ではなく、上の階にあったり、別館にあったりします。時間が限られている時のお土産菓子やお菓子の材料探しには、そんなデパートの食品売り場がおすすめです。

私がよく行く二つの売り場は、オペラ座近くのギャラリー・ラファイエットというデパートの別館「ラファイエット・グルメ」と、パリで一番古いデパート、ボン・マルシェの別館、「ラ・グラン・デピスリー・ド・パリ」です。どちらも、品揃えが微妙に異なるので、この二つの売り場を制覇すれば、かなりの数の日持ちする地方菓子や素敵なパッケージに入ったボンボンなどを見つけることができます。

また、紅茶やコーヒーなど、パリっ子が日常の食卓で愛用しているものも、スーツケースに余裕がある時は買って帰ります。おすすめなのは、トワイニングやリプトンからフランス限定で売り出されているティーバッグ「ロシアン・アール

LAFAYETTE GOURMET
ラファイエット・グルメ
35 Boulevard Haussmann
75009 Paris
https://haussmann.galerieslafayette.com/

LA GRANDE ÉPICERIE DE PARIS

ラ・グラン・デピスリー・ド・パリ
38 Rue de Sèvres 75007 Paris
https://www.lagrandeepicerie.com/

グレイ（Russian Earl Grey）」。青いパッケージです。ベルガモット風味とほのかな柑橘の香り、そして紅茶本来の味のバランスが絶妙！　また、アジャン産のプルーン（Pruneaux d'Agen）も見つけたら買います。こちらはフランス南西部アジャンが原産の、大粒で果肉が柔らかい、原産地呼称名称（A.O.C.）を獲得しているプルーン。特に貧血気味の女性にはおすすめ（P95参照）。

コーヒーは、フランス在住時代毎日飲んでいた、いたって大衆的なCARTE NOIREという、パッケージが黒い商品。ドリップで淹れていたのですが、ブランドコーヒーとエスプレッソの中間の濃度に仕上がって、好みの味でした。最近、スティック状のインスタントタイプも発売され、熱いお湯を少量注ぐと、最後にふわっと泡立つというエスプレッソ的な仕上がりが楽しめます。エスプレッソ好きな方のお土産にぜひ！

イートインも楽しめる、新名所も誕生

デパートの食品館では買い物に疲れたら、店舗内にあるカフェやカウンターでいただく、生ハムや簡単なトリュフ料理のお店で休憩&腹ごしらえも可能。

最近新たに食品館「プランタン・デュ・グー」が、プランタンメンズ館、（フランス式の）7、8階にオープンして話題になっています。7階は高級エピスリーと食品、ワインなどが並びます。8階は季節の食材などを販売するマルシェと、レストラン・アクラムやパティスリー・クリストフ・ミシャラク、ブーランジュリー・ゴントラン・シェリエや、M.O.F.フロマジュリーの店など、話題店が集合。それぞれイートインできます。テラス席も開放しているので、エッフェル塔を中心に広がるパリの町を眺めながら食事ができるのも魅力的です。

お土産を買うなら

前述のお土産菓子や飲み物は、こうした高級エピスリーではなくても、モノプリ(MONOPRIX)、フランプリ(FLANPRIX)などのチェーンのスーパーマーケットでも手に入るものもあります。特に、モノプリ自社開発商品などのお菓子はフランス的エスプリにあふれたものも多く、侮れない……と感心しきり。ポピュラーなところで、ボンヌ・ママンのマドレーヌなども人気です。

最後に1軒、個人店のお土産屋さんをご紹介さします。9区の「ア・レトワール・ドール(A L'ETOILE D'OR)」というお店ですが、店主は三つ編みをした80代のマダム。いつもチェック柄のスカートで少女のように私たちを迎えてくれます。このお店に行けば、他では探せなかったお土産菓子やコンフィズリーが見つかるのです。しかし、数年前お店が事故で全壊。でもマダムは、ここをわざわざ訪ねてくるお客さんがいる限りは、仕事を続けたいということで、以前と同じ状態に店を建て直したのです。久しぶりに会いに行ったら「あんたの本は大丈夫だったよ」と、私がこの店を最初に紹介した随分以前の本を大切そうに、しかと胸に抱いてくれました。命ある限り、フランスの愛すべき銘品を世界の人に知ってもらいたいと、この仕事に一生を捧げているマダムの姿に、目頭が熱くなりました。

PRINTEMPS DU GOÛT
プランタン・デュ・グー
64 Boulevard Haussmann
75009 Paris
https://www.printemps.com/

A L'ETOILE D'OR
ア・レトワール・ドール
30 Rue Pierre Fontaine
75009 Paris

パティシエの時代の到来

今、フランスでは、パティシエが大人気！　こんな時代が来るとは誰が想像していたでしょう。かつてパティシエといえば、陽の当たらない厨房で、ひたすらお菓子を作る、世には知られない存在でした。ガストロノミーの裏方の仕事には、ヒエラルキーが存在していたのです。一番地位が高いのが、料理人、次が菓子職人のパティシエ、その下がパン職人のブーランジェという暗黙の序列。そんな風潮に反旗をひるがえしたのが、パティシエたちでした。それは、数年前のこと。フランスのパティシエがどのような哲学を持って仕事をしているか、そして、彼らが作るお菓子がどれほど素晴らしいものかを紹介する『パティシエの復讐（La revanche des pâtissiers）』というテレビ番組が放映されたのです。その頃から、人々のパティシエを見る目が変わってきたように思います。テレビではお菓子コンクールの番組が放映され、プロのパティスリーのみを取り上げる一般向けの雑誌も出版されるようになり、たちまち、パティシエは世の中の注目を浴びるようになりました。

そんな人気を勝ち得たのは、彼らのフランス人パティシエとしての、誇りと実力。そのどちらも欠けたら成立しないのは言わずもがなです。パティスリーの世界大会では、常にフランスは上位入賞を獲得し、多くのお客を魅了するお菓子を考案し、製作しているという自負。そして芸術ともいえるパティスリーを築きあげてきたその流れの中には、かつての偉大なるパティシエの存在があったからこそ、今の栄光があると言ってもいいでしょう。

パティシエ界の父ルノートル

その一人が、ガストン・ルノートル氏（1920-2009）。彼が自身の最初のお店をオープンしたのは、出身地ノルマンディー。1947年のことです。ノルマンディーといえば、乳製品の美味しい地方。もうそれだけで、美味しいお菓子が作れると思いきや、ルノートル氏は、それだけに頼るパティシエではありませんでした。パティシエである以上はクリエイティヴでなければならない、ということを常に自分に言い聞かせ、毎週末パリに出てパリのお菓子を研究していたといいます。しかし、パリのお菓子は、新鮮な生クリームではなく、

在りし日のガストン・ルノートル氏を訪ねて(写真著者提供)。

バタークリームで作られたものが多く重かったとのこと。どうにかこのクリームを軽くしたいという一心で提案したのが、イタリアンメレンゲという、メレンゲに熱いシロップを混ぜて保形させるメレンゲです。これを使用することで、フランス菓子は、飛躍的に軽いお菓子へと進化していったのです。フランス菓子が大きく変化した瞬間でした。

エルメの革新と伝統

そんなパティシエ界の父と称されるルノートル氏を目標にしながら、次世代の業界をけん引しているのが、ピエール・エルメ氏です。彼は、若干26歳でパリの「フォション」のシェフに抜擢され、天性の味覚と豊富な知識、体験により、フランス菓子に、新たな風を吹き込んだのです。エルメ氏は、ルノートル氏同様、クリエイティヴであることはもちろんなのですが、とにかく、どんな食材にも興味を持ち、独特の感性で作品の世界観を作り上げる天才です。今ではエルメ氏の代名詞にもなりつつある「イスパハン」という作品がその代表的なものでしょう。ライチとバラを融合させるという発想は、今までのパティシエには考えられなかったこと。ライチといえばアジアの素材。バラの香りはアラブ産です。フランスとはまったく関係ない二つの異なる地域の食材を見事に一つのお菓子に融合させています。

もう一つ、エルメ氏が成し遂げたこと。それは優秀な弟子たちを多く育てたことです。彼がフォションのシェフだった時代には、ヴァローナのフレデリック・ボウ(敬称略)、クリストフ・フェルデール、フレデリック・カッセル、アルノー・ラエル、ジル・マルシャル、クリストフ・アパールなどが在籍していました。その後、セバスチャン・ゴダール、クリストフ・アダムが続いてシェフに就任し、彼ら自身も注目を浴びる一方で、二人が世に送り出したセドリック・グロレや、ニコラ・パシエロなど若手たちも、最高級ホテル・カテゴリーのパラスなどのシェフ・パティシエに招聘され話題になっています。そんな若手パティシエたちの特徴は、SNSにおける人気がスター並みだということ。お店をオープンすれば、長い行列。テレビコンクールに優勝すれば、パリジェンヌがサインを求めに列を作ります。

今、まさにフランスのパティシエたちは、その果実を実らせたと言えるでしょう。

時代で変わるお菓子、変わらないお菓子

伝統菓子の定義とは

フランス人の大物パティシエに、ある日聞いてみました。

「伝統菓子って何？」

すると、彼は、「なんだろう……。一言では言い表せないし、具体的に何って言えないと思う」と。

私たちがフランスの伝統菓子としてイメージするのは、単純にエクレア、サントノレ、ガレット・デ・ロワなどなど。そこにコンヴェルサッションやポン・ヌフを挙げる人もいるかもしれません。しかし、今フランスで、コンヴェルサッションやポン・ヌフはもう作っているお店がほとんどありません。こうしたフランスの伝統菓子を熱心に受け継いでいるのは、日本人かもしれないのです。

大物パティシエが答えに苦慮していた背景には、彼らの考える伝統菓子が、どの時代のものにさかのぼるかを考えていたからだと思います。

中世にはウーブリという2枚の鉄板に挟んで焼く、ワッフルの原型がありました。パン・デピスがありました。その後、砂糖がイタリアからもたらされ、お菓子は宮廷でもてはやされるようになります。そして、革命後は、菓子職人が王侯貴族の元を離れ、街に出て庶民のためにお菓子を作るようになりました。今、伝統菓子と称されるものの多くは、この時に庶民のために考案されたお菓子なのです。

パティシエが一生に何個もの新作菓子をクリエイトしても、100年経っても作り続けられるお菓子はそうないはずです。

ではなぜ100年経って、数多(あまた)あったお菓子が淘汰された中で残り、作り続けられるお菓子が存在するのか。

その条件とは、まず、どんな職人でも真似して作ることができること。人々に認識され、受け入れられる味であること。そして、見た目も美味しそうなこと。……そんなお菓子が後世に残っていくのだろうと思います。

若手シェフの伝統菓子再構築

その伝統菓子が、今、若手シェフたちの手によって、変化を遂げています。ルリジューズの生地には、クラックランなどのクッキー生地を乗せるようになりました。タルト・オー・シトロンの飾りのクリームは生クリームでなく、メレンゲ。マドレーヌだと思っていたら、それは吹き付けによる焼き色をつけたアントルメ菓子だったり、レモンだと思ったら、中からクリームやジュレが出てくるお菓子だったり、といった具合なのです。

それらを、彼らはお菓子の「再構築」と呼んでいます。フランス語では、ルヴィジテ（revisité）、もしくは、デクリネゾン（déclinaison）と言われ、もともとあった形のものを崩して、パーツは変えないで、形を変えて一つのお菓子あるいはデザートとして完成させるのです。たとえば、レモンのタルトだとしたら、グラスに最初、レモンクリームを詰め、上にパート・シュクレを崩したものを散らすような感じです。あるいは、形は変えないで、内容を変える。つまり、サントノレだったら、伝統的なシブーストクリームをチョコレートクリームに変え、キャラメルの部分も他の液体に変えてしまう。

前者は、見た目が大きく変わりますが、食べてみれば、タルト・オー・シトロンそのまま。後者は、お菓子の形は見たことがあるけれど、食べてみると内容が全然異なるというものです。一瞬、新しい手法と思わせながら、しかし、何も変わっていません。伝統菓子の要素は変わっていないのです。つまり、伝統を打破することは、そう簡単なことではないということです。その背景には、意外と保守的な「フランス人の嗜好」という理由があります。

モノプロデュイ店流行の裏事情

そこに目をつけた起業家たちが、１種類のお菓子しか売らない、「モノプロデュイ（mono-produit）」の専門店を展開しています。エクレアならエクレアばかり、メレンゲ菓子ならメレンゲ菓子ばかりを売るお店です。エクレアもメレンゲも、フランスでは国民的菓子。老いも若きも大好きなお菓子です。日本だったら、たとえば、鯛焼きばかりとか、フルーツ入り大福だけを売る店という感じでしょうか。

そんな店ができた背景には、フランスの労働時間の問題や、パティシエ志望者が近年減っているという現象があります。フランスの労働時間は週35時間と定められ、時間不足から、従来の手のこんだ仕事ができないのが現状です。そのため、機械の導入や作業の単純化が余儀なくされ、シンプルな組み立てのものでアルバイトでもできるお菓子を売るモノプロデュイ店は、時代を代表するお店のシステムと言えましょう。

しかし、フランス菓子作りに誇りを持って、世界を目指す若手パティシエたちは、労苦を惜しみません。自ら英語を学び、各国を飛び回っているパティシエも少なくありません。そんな彼らの作りだすお菓子が、100年先は、伝統菓子になっているかもしれないのです。

Column-3

フランスでのショコラの進化

スイスやベルギーに学んで世界最高水準のショコラに

ショコラもフランスを代表するお菓子ですが、実は1980年代まで、ショコラはスイスやベルギーが本場でした。それらの国のショコラ作りの技術を、フランス人のショコラティエが学び、フランスのショコラの品質を高めたのです。もともと、他国の食文化を取り入れて、自分たちのものにするのが得意なフランス人。そして、一度フランス風にしたら、それを昇華させ、世界最高水準のものに作り上げていったのも、フランス人です。

ボンボン・ショコラの改良の次にフランス人ショコラティエたちが提案したのが、カカオ豆の原産地別にショコラを味わうということでした。それから20年。今や、原産地の味を比較しながら賞味する光景は当たり前になり、ショコラティエたちは、生産地に赴き、自らカカオ豆を選んだり、カカオプランテーションを開拓したりするようになりました。

カカオ豆へのこだわり

そんな中、いち早くカカオ豆を自ら輸入して、豆から実際に販売するショコラを作っていたのが、リヨンの「ベルナシオン（BERNACHON）」です。一般的にショコラを作る時は、すでに素材としてのショコラ（クーヴェルチュールと言います）を卸業者から買って、それを温度調整して製品にします。が、それでは飽き足らず、自ら豆を焙煎、破砕、ブレンド、摩砕し、好みのショコラを作るようになりました。それが近年ビーン・トゥー・バー（Bean to Bar）と英語で言われていますが、これはアメリカ人が始めたと一般的には認識されているようです。残念ながらフランスでは、すでにもう行われていたにもかかわらず、この作業を指す言葉が存在していなかったのです。しかし、フランス人のショコラティエたちは、滅多なことでは、ビーン・トゥー・バーに手を出しません。本格的にそれを行うとしたら、機械の投資や膨大な研究時間が必要だからです。現在、本格的かつ純粋なビーン・トゥー・バーを手掛けているのは、パリの「ル・ショコラ・アラン・デュカス（LE CHOCOLAT ALAIN DUCASSE）」のみと言ってもいいでしょう。

また、今では、豆の焙煎そのものに着目して、新たなショコラを開発する動きなども出てきています。カカオ豆は、もともと酸が強く、焙煎することによって、pHを調節することができるというのですが、酸を少し残す状態で色と酸味を出すなどの研究を手掛けているメーカーもあります。

在来種を守るために カカオ農家への支援活動も

こうしたショコラの需要とともに変化してくるのが、カカオ生産と生産者、そしてそれを取り巻く社会背景です。カカオを生産している村は一般的に貧しく、子供たちも学校に行けない家庭も多いといいます。そんな生産者を応援して、労力に見合った収入を確保するために、フェアトレードという制度が1960年代に広まりました。しかし、遠い産地の現状は、一般的にはあまり理解してもらえず、食べ手はショコラの品質、味、原産地に興味を持つばかり。そこで、たとえばドミニカ共和国のロマ・ソタヴェント村では、利益を優先し、在来種のカカオの木を抜いて、病気に強く成長も早い、しかも手間がかからずに4倍もの収穫量が期待できるハイブリッドのカカオの木に植え替える農園も出てきました。

「カカオ・フォレスト」活動に賛同するトップパティシエのひとり、フレデリック・カッセル氏。

しかし、香りや風味は在来種にはかないません。これでは、カカオの質が落ちてしまうということで、この村の現状がきっかけとなり、フランスのチョコレートメーカー「ヴァローナ」の呼びかけで、「カカオ・フォレスト」という活動が始まり、トップパティシエやショコラティエなども参加し、ハイブリッド種への植え替えを監視して阻むと同時に、フルーツ栽培やその加工品を推奨し、他にも収入源の道を開いています。また、村に小学校を作り、子供たちを支援しているのです。しかし、これは年月のかかる地道な作業。

消費者は香り高き美味しいチョコレートを口にすることができ、また生産者の暮らしも向上するという、両者がハッピーになるような、こうした活動を私たちも、ぜひ応援したいと思います。

覚えておくと重宝するフランス菓子の名前

オーソドックスなお菓子やデザートが、いつもあるのがフランスの良さ。
一般的に提供されるスイーツの名前をいくつか書き出してみました。

フランス語の名詞には男性形（M）、女性形（F）があるのでその別も記しました。
数字の1は男性名詞だとun（アン）、女性名詞はune（ユンヌ）。
たとえば、カヌレを一つ、は「アン・カヌレ」。マドレーヌを一つなら「ユンヌ・マドレーヌ」。
そのあとに「お願いします!」の意の「シルヴプレ」を付ければ、オーダーも簡単ですね。

【パティスリー編】

Cannelé または、Canelé　カヌレ　M
溝のある独特の型で周囲がカラメリゼするまで焼くフラン味のお菓子。

Charlotte　シャルロット　F
洋ナシのムースなどの周囲をフィンガービスケットで覆ったお菓子。

Éclaire　エクレール　M
シュー生地を細長に絞って焼き、モカやコーヒー風味のクリームを詰め、上にフォンダンという甘い糖液、またはチョコレートがけをしたもの。

Financier　フィナンシェ　M
主にアーモンドと卵白、砂糖で作るしっとりした長方形のお菓子。

Flan　フラン　M
卵液を型、あるいはタルト生地に流して焼いたシンプルなお菓子。

Macaron　マカロン　M
基本的には、卵白、砂糖、アーモンドのみで作る焼き菓子。フランス全土に数種類あるが、マカロン・パリジャンは、2枚の生地の間にクリームを挟む。

Madeleine　マドレーヌ　F
貝殻型を用いるのが伝統の、バター、粉、卵、砂糖で作った焼き菓子。

Millefeuille　ミルフォイユ　F
折パイ生地とクリームを重ねたお菓子。

Mont-blanc　モンブラン　M
メレンゲなどの生地を台に、栗のピュレを混ぜたクリームを絞ったお菓子。

Opéra　オペラ　M
ビスキュイ・ジョコンドと呼ばれるアーモンドの粉を用いたスポンジ生地にコーヒー風味のシロップを染み込ませ、モカ風味のバタークリームとガナッシュを重ねたお菓子。

Palmier　パルミエ　M
掌サイズの折パイ生地のお菓子。パルミエ（椰子の木）に似せて作るのでその名がある。

Paris-Brest　パリブレスト　M
パリとブルターニュの自転車レースの際、車輪からアイディアを得て作られたリング状のシュー菓子。中にプラリネクリームを挟む。

Religeuse　ルリジューズ　F
修道士の襟の模様を模してクリームを絞る、二段重ねのシュー菓子。

Saint-Honoré　サントノレ　M
折パイ生地の土台に、カラメルがけした小さなシューを周りにはりつけ、中にクリームを絞ったお菓子。伝統的なものはシブーストクリームを用いる。

Savarin　サヴァラン　M
微発酵生地をお酒などのシロップに浸したお菓子。

Tarte au citron
タルト・オー・シトロン　F
焼いたタルト生地にレモンクリームを流したお菓子。フランスのそれはかなり甘く酸っぱい。

【ショコラティエ編】

Bonbon au chocolat
ボンボン・オー・ショコラ　M
中にガナッシュという生クリームとチョコレートなどで構成した詰め物が入っている一粒チョコ。

Bouché　ブッシェ　F
ボンボン・オー・ショコラの内容とほとんど変わらないが、バーチョコのような大きさ。

Carée de chocolat
キャレ・ド・ショコラ　F
3x3cm四方の薄いチョコレート。

Gianduja　ジャンドゥーヤ　M
焙焼したナッツをすりつぶしてチョコレートと合わせたもの。

Mendiant　マンディアン　M
円形で平地形の薄いチョコレートの上に、レーズンやいちじく、ナッツなどが散らしてあるもの。

Orangette　オランジェット　F
オレンジの皮の砂糖漬けをチョコレートでコーティングしたもの。

Palet d'or　パレ・ドール　M
カカオ分の高いガナッシュが詰まった円形のチョコレート。多くは金箔が飾ってある。スタンダード商品なので、お店のレベルを知るにはまずこれから。

Praliné　プラリネ　F
ベルギーやオランダでは、ボンボン・オー・ショコラのことをこう呼ぶ。フランスではアーモンドのキャラメルがけのお菓子をプラリーヌ、それを粉末やペースト状にしたものがプラリネと呼ばれる。

Tablette　タブレット　F
板チョコのこと。

【コンフィズリー編】

Bonbon　ボンボン　M
一般的には、飴のこと。

Caramel　キャラメル　M
砂糖や生クリーム、バターを煮詰めて作る飴。

Dragée　ドラジェ　F
色付けした糖衣を覆ったアーモンド。洗礼式などで参列者に配る。

Fruit confit　フリュイ・コンフィ　M
フルーツを砂糖の糖度を変えて、何日も漬けて作る砂糖漬け。

Fruit deguisé　フリュイ・デギゼ　M
ドライフルーツなどをマジパンや飴がけなどで覆ったプティフール。

Guimauve　ギモーヴ　F
マシュマロ。

Nougat　ヌガー　M
泡立てた卵白にナッツやドライフルーツを混ぜて固め、カットした菓子。

Pastille　パスティーユ　F
小さくて平たい飴。または、舐めると溶ける粉状のタブレット菓子。

Pâte de fruit　パート・ド・フリュイ　F
フルーツのピュレをゼラチンなどで固め、砂糖をまぶしたもの。

【カフェのデザート編】

Baba au rhum　ババ・オー・ラム　M
　発酵させた生地にラム酒のシロップをたっぷり染み込ませたもの。

Café liégeois　カフェ・リエジョワ　M
　アイスクリームやクレーム・シャンティーに、コーヒーソース、あるいは濃いめのコーヒーをかけたもの。

Crème renversée
クレーム・ランヴェルセ　F
　プリン。

Coupe　クープ　F
　大きめに開いたカップに、数種類のアイスやシャーベット、シャンティーなどを盛りつけたパフェ。

Crème brulée　クレーム・ブリュレ　F
　生クリームなどを混ぜた卵液を平たい容器に流して焼き、表面をキャラメリゼさせたもの。

Glace à la vanille
グラス・ア・ラ・ヴァニーユ　F
　バニラのアイスクリーム。

Île flottante　イル・フロッタント　F
　ふわふわに泡立てた卵白をポシェしてアングレーズソースをそえたもの。

Mousse au chocolat
ムース・オー・ショコラ　F
　チョコレートのムース。

Nougat glacé　ヌガー・グラッセ　M
　ヌガーを見立てたナッツ類入りの氷菓。

Profiterole　プロフィトロール　F
　小さいシューを詰め重ねて、チョコレートソースをかけたもの。

お菓子の基本用語

Pâte（パート）
お菓子の生地の主な種類

パイ生地

パート・ブリゼ　Pâte brisée
　ブリゼは「砕けた」「壊れた」という意味。タルトなどの台になる、砂糖がほとんど入らない生地。

パート・フイユテ　Pâte feuilletée
　フィユタージュ（feuilletage）ともいう。フイユテはフイユ（feuille＝葉）に由来する言葉で、葉が重なるイメージ。小麦粉でバターのかたまりを包み、薄くのばしては折りたたむ操作を繰り返して作り、焼くと薄紙を重ねたようになる。パリッと軽く、口溶けがよい。

クッキー生地
（お菓子の台にも用いられる）

パート・シュクレ　Pâte sucrée
　タルトなどの台になる、砂糖を加えて作る甘い生地。

パート・サブレ　Pâte sablée
　バターの割合が砂糖よりも多い傾向があり、もろく崩れる食感が特徴。

スポンジ生地

ジェノワーズ　Génoise
　イタリアのジェノヴァ地方発祥の生地と伝えられる。卵を全卵のまま泡立てた共立て法で作られる。別立てのスポンジ生地に比べて気泡量は少なくなるが、焼き上がりはきめ細かく、しっとりした風合いが特徴。

ビスキュイ　Biscuit
　ジェノワーズと似た配合だが、違いは卵白と卵黄、別々に泡立ててから作る、別立て法の生地。卵白に砂糖を加えて泡立てるので、気泡量が多くなり、ジェノワーズより軽く焼き上がる。

ビスキュイ・ア・ラ・キュイエール
Biscuit à la cuillère

ビスキュイ生地を棒状に絞り出し、粉糖をふって表面をカリッと焼き上げたフィンガー・ビスケット。

ビスキュイ・ジョコンド
Biscuit Joconde

立てた卵白と全卵とアーモンドパウダーが主体の生地。オペラなどに使用される。

卵白、砂糖、アーモンドパウダーで作る生地のグループの代表的なもの

マカロン　Macaron

ビスキュイ・ダコワーズ
Biscuit dacquoise

プログレ　Progrès

シュクセ　Succés

シュー生地

パータ・シュー　Pâte à choux

絞り方や大きさ、組み合わせにより、エクレア、ルリジューズ、サントノーレ、パリ・ブレストなどのお菓子に用いられる。

Crème (クレーム)
お菓子のクリームの主な種類

クレーム・アングレーズ
Crème anglaise

カスタードソース。卵黄＋砂糖＋牛乳(＋バニラ)

クレーム・パティシエール
Crème pâtissière

カスタードクリーム。卵黄＋砂糖＋粉＋牛乳＋バニラ

クレーム・ディプロマット
Crème diplomate

カスタードクリーム＋泡立てた生クリーム(＋ゼラチン)

クレーム・オー・ブール
Crème au beurre

バタークリーム。

クレーム・シャンティー
Crème Chantilly

加糖のホイップクリーム。生クリーム＋砂糖(泡立てる)

クレーム・フェテ　Crème fouettée
またはクレーム・モンテ　Crème montée

無糖のホイップクリーム。生クリーム(砂糖を加えずに泡立てる)

クレーム・ダマンド　Crème d'amande

アーモンドクリーム。バター＋砂糖＋アーモンドパウダー＋全卵

クレーム・ムスリーヌ
Crème mousseline

カスタードクリーム＋バター
または、カスタードクリーム＋バタークリーム

ガナッシュ　Ganache

(チョコレートクリーム)チョコレート＋生クリーム、果物、ジャンドゥーヤ

Meringue（ムラング）メレンゲ

ムラング・フランセーズ
Meringue française

卵白に砂糖を加えて加熱しないで泡立てる。

ムラング・イタリエンヌ
Meringue italienne

立てた卵白に115〜120℃ほどに煮詰めたシロップを加えて泡立てる。基本配合は砂糖と卵白が2：1。砂糖には30％の水を加える。

ムラング・スイス　Meringue suisse

卵白に砂糖を加えて湯煎で50℃ほどに温めてから泡立てる。きめの細かいメレンゲで細工菓子にも用いられる。

その他本書に出てくる製菓、調理用語を中心に
（50音順）

アパレイユ　Appareil

生地のもと、「たね」のこと。小麦粉、牛乳、卵など複数の材料を混ぜ合わせたものを指す。

アリュメット　Allumette

本来はマッチ棒のことだが、マッチ棒のように2mm程度の短冊に素材を切ることを指す。

アンヴェルセ　Inveré

逆さまにするという意。フイユタージュ・アンヴェルセといえば、逆折りパイ生地のこと。通常のパイ生地は生地でバターを包むが、アンヴェルセはバターで生地を包み折り込んでいく。

アンビベ　Imbibé

お菓子に香りをつけたり湿り気を与えるために、液体を染み込ませるという意味。アンビバージュ（Imbibage）はその液体（主にシロップ）を指す言葉。

カカオ分　Cacao%

カカオマス（カカオ豆をペースト状にしたもの）と、追加したココアバター（カカオマスから圧搾した油脂分）を合計した割合をカカオ分00％と表示する。

カソナード　Cassonade

サトウキビ100％の粗糖。

キャラメリゼ　Caramelisé

砂糖を焦がしてカラメルにすること。カラメルをかけたりからめたりした菓子・料理。

クーヴェルチュール　Couverture

製菓用のチョコレート。ココアバターを31％以上含有することが基本で、通

常は35%以上の流動性の高いチョコレートを指し、細工やお菓子を覆う加工に使用される。

グラサージュ　Glaçage
仕上げの工程で、飴状またはゼリー状のもので上がけをしてつやを出すこと。またはお菓子のパーツの糖衣そのものを指す。マロン・グラッセなどのグラッセ（Glacé）は糖衣を施した、という意味。

クラックラン　Craquelin
本来はクリスピーな食感の意。シューの上に載せて焼く別生地を、その仕上がりの食感からクラックランと呼ぶこともある。

コック　Coque
マカロンのクリームを挟む対の生地や、チョコレートの球形の型を指すが、二枚貝の「シェル」が語源で、意味は硬くて中身を護るもの。

コンフィチュール　Confiture
果物を砂糖と煮詰めたもの。ジャム。

コンポテ　Compoté
砂糖煮にされた、という動詞の過去分詞。名詞はコンポート。Brix50以下のジャムのこと。

シュクル　Sucre
砂糖。

ナパージュ　Nappage
菓子のつや出しに使うゼリー状のもの。

ヌガティーヌ　Nougatine
砂糖、水飴をカラメル状になるまで煮詰めてアーモンドなどを加えて薄くのばした菓子。

パート・ダマンド　Pâte d'amande
アーモンドパウダーと粉糖、卵白を練ったもの。マジパンもそれに類する。

パート・ド・フリュイ Pâte de fruit
果汁をペクチンで固めたコンフィズリーの一つでグミに似た食感。

ピストレ　Pistolet
ピストルの意。製菓用語ではチョコレートなどをケーキやムースの表面に吹きつける装飾。また、その装飾のための噴霧器状の道具。

ファリーヌ　Farine
小麦粉。

フィヤンティーヌ　Feuillantine
薄く焼いたクレープ状の生地を砕いたフレーク。フイユティーヌとも呼ばれ、お菓子の周囲に飾ったりする。

フォンダン　Fondant
溶けているもの、柔らかいものを指す。砂糖衣などクリーム状をした仕上げの製菓材料を指すこともある。

プードル　Poudre
粉（パウダー）。アーモンドパウダーはフランス語ではプードル・ダマンドとなる。

ブール・サレ　Beurre salé
有塩バター。キャラメル・オー・ブール・サレといえば塩バターキャラメルのこと。

ムース　Mousse
泡状の意。果物のピュレやチョコレートに泡立てた生クリームやメレンゲを加え、冷やし固めたもの。

おわりに

この『PARIS SWEETS パリのスイーツ手帖』には、その前身となる2001年刊行の『パリ・スイーツ　私が恋するパリのお菓子』がありました。それはある料理雑誌で足かけ6年連載したものを1冊にまとめた可愛い本でしたが、残念ながら出版元がなくなり、著者としてとてもさみしく思っていました。

このたび世界文化社さんのもとで、新しい視点でパリのお菓子を選び直し、文も書き下ろし、そして写真も撮り下ろしで、大好きなお菓子の都パリへの私からのラブレターとして、本書をまとめることができて、とても幸せに思います。前の本の改訂版ではない、まったく新しいタッチの本になりました。

2016年から2018年にかけて数回のパリ渡航でチェックしてきた私のスイーツをご紹介する基準は、いつパリに行っても永遠に変わらない愛すべきフランス菓子であること。そして、これから定番として残っていきそうな新しいフランス菓子も知っていただきたいと思い、パリの友人、知人のシェフの意見やリコメンドも参考に、悩みながら厳選しました。この本の冒頭でも述べましたが、最近のフランスのスイーツ・ブームの勢いには正直驚かされるものがあります。そして何でも手に入る日本では、日本に居ながらにしてパリのお菓子も楽しめるのかもしれませんが、やはり風格ある老舗、話題のシェフのお店、賑やかなカフェなど、その背景を物語る土地でいただくスイーツは別格ですし、そこでなければ体験できないこともきっとあるはずです。
　さて本書の写真はスイーツを愛するフランス人写真家ベノア・マルタンさんに撮っていただきました。そして、ベノアさんから読者の皆様へとっておきのプレゼントがあります。なんと本書でご紹介しているお店の地図データを、ひとつにまとめてくださったのです。ブラボー！ベノア。
　このページにあるＱＲコードを読み取っていただければ、携帯電話やタブレットで、この本でご紹介したお菓子の各店の地図にとんでいけます。
　私が足で探したお店ばかりです。どうぞ、パリに行ったら訪れたいお店をチェックしてみてください。

本書で紹介しているスイーツには、カテゴリーが4つあります。

1）テイクアウトが可能なパティスリーやショコラティエのお菓子◆P18 ～ 61

2）カフェやレストランなどイートインのメニュー◆P62 ～ 83

3）パリで買えるフランス各地の銘菓◆P84 ～ 129

4）おすすめ製菓材料◆P130 ～ 137

各ページで掲載しているお店と住所は、撮影した取材店、実際にそのお菓子を購入した店舗です。有名菓子店でパリ市内各所に店舗を持つブランドも一部ありますが、基本的に旅行者が行きやすいお店、もしくは本店を選んでいます。また、3）では、パリに直営店がない菓子店も多く、パリの百貨店やお菓子のセレクトショップで買えるところを記載、製造元のホームページがある場合はそれを併記しました。

本書紹介のお店のマップ

大森由紀子
Yukiko Omori

フランス菓子、フランス料理研究家。学習院大学フランス文学科卒。パリ国立銀行東京支店勤務後、パリの料理学校で料理とお菓子を学ぶ。フランスの伝統菓子、地方菓子など、ストーリーのあるお菓子や、田舎や日常で作られるフランスのお惣菜を、書籍はじめ、さまざまなメディアで紹介。フランスの伝統&地方菓子を伝える「クラブ・ドゥ・ラ・ガレット・デ・ロワ」理事、「貝印スイーツ甲子園」コーディネーター。2016 年フランス共和国よりフランス農事功労章シュヴァリエを受勲。東京・目黒区の自宅でフランス菓子と家庭料理の教室を主宰している。
http://yukiko-omori-etre.com

撮影	ベノア・マルタン
Photo	Benoit Martin
取材協力	エートル・パティス・キュイジーヌ
Coordination	(Paris)Etre Pâtisse Cuisine
ブックデザイン	鳴島幸夫
DTP制作	株式会社明昌堂
校正	株式会社円水社
編集	株式会社ウイープラネット
	関根麻実子
	川崎阿久里(世界文化社)

PARIS SWEETS パリのスイーツ手帖

発行日　2019年4月30日　初版第1刷発行

著　者　大森由紀子
発行者　竹間 勉
発　行　株式会社世界文化社
〒102-8187　東京都千代田区九段北4-2-29
編集部　電話　03 (3262) 5118
販売部　電話　03 (3262) 5115

印刷・製本　株式会社リーブルテック

ISBN978-4-418-19307-3